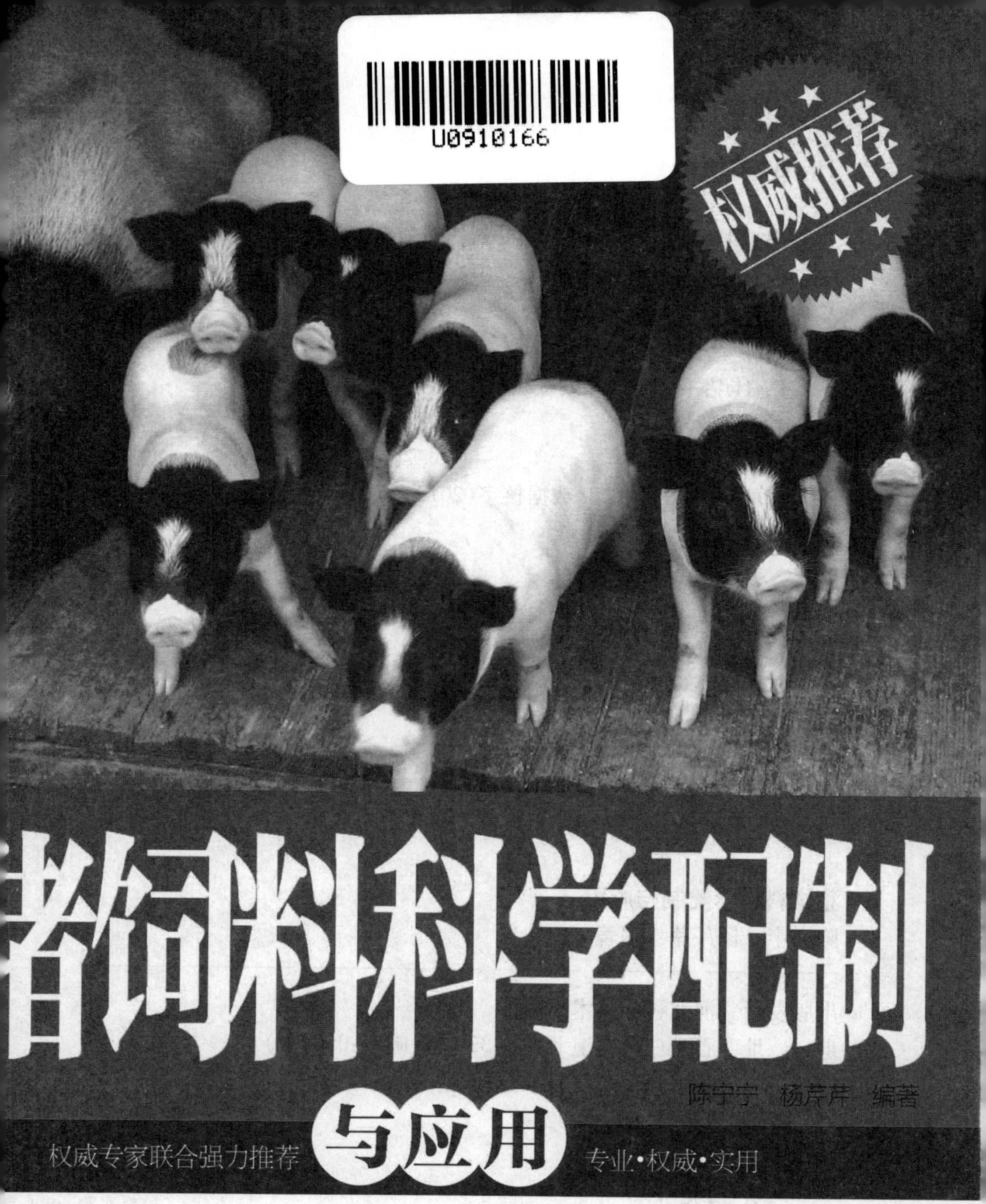

权威推荐

猪饲料科学配制

陈宁宁　杨芹芹　编著

权威专家联合强力推荐　专业·权威·实用

本书对猪饲料的配制与应用技术做了较为详细的介绍，可操作性强，对养猪户用好猪饲料有很强的指导作用，非常适合生猪养殖和农村养猪场人员学习使用。

河北科学技术出版社

图书在版编目(CIP)数据

猪饲料科学配制与应用 / 陈宁宁，杨芹芹编著. -- 石家庄：河北科学技术出版社，2013.12

ISBN 978-7-5375-6574-5

Ⅰ. ①猪… Ⅱ. ①陈… ②杨… Ⅲ. ①猪-饲料-配制 Ⅳ. ①S828.5

中国版本图书馆 CIP 数据核字(2013)第 299584 号

猪饲料科学配制与应用

陈宁宁　杨芹芹　编著

出版发行　河北科学技术出版社

地　　址　石家庄市友谊北大街 330 号(邮编:050061)

印　　刷　北京楠萍印刷有限公司

开　　本　910×1280　1/32

印　　张　7

字　　数　140 千

版　　次　2014 年 2 月第 1 版

　　　　　2020 年 9 月第 2 次印刷

定　　价　25.80 元

Preface 序

推进社会主义新农村建设，是统筹城乡发展、构建和谐社会的重要部署，是加强农业生产、繁荣农村经济、富裕农民的重大举措。

那么，如何推进社会主义新农村建设？科技兴农是关键。现阶段，随着市场经济的发展和党的各项惠农政策的实施，广大农民的科技意识进一步增强，农民学科技、用科技的积极性空前高涨，科技致富已经成为我国农村发展的一种必然趋势。

当前科技发展日新月异，各项技术发展均取得了一定成绩，但因为技术复杂，又缺少管理人才和资金的投入等因素，致使许多农民朋友未能很好地掌握利用各种资源和技术，针对这种现状，多名专家精心编写了这套系列图书，为农民朋友们提供科学、先进、全面、实用、简易的致富新技术，让他们一看就懂，一学就会。

本系列图书内容丰富、技术先进，着重介绍了种植、养殖、职业技能中的主要管理环节、关键性技术和经验方法。本系列图书贴近农业生产、贴近农村生活、贴近农民需要，全面、系统、分类阐述农业先进实用技术，是广大农民朋友脱贫致富的好帮手！

中国农业大学教授、农业规划科学研究所所长
设施农业研究中心主任 张天柱

2013年11月

Foreword 前言

农业是国民经济的基础，是国家稳定的基石。党中央和国务院一贯重视农业的发展，把农业放在经济工作的首位。而发展农业生产，繁荣农村经济，必须依靠科技进步。为此，我们编写了这套系列图书，帮助农民发家致富，为科技兴农再做贡献。

本系列图书涵盖了种植业、养殖业、加工和服务业，门类齐全，技术方法先进，专业知识权威，既有种植、养殖新技术，又有致富新门路、职业技能训练等方方面面，科学性与实用性相结合，可操作性强，图文并茂，让农民朋友们轻轻松松地奔向致富路；同时培养造就有文化、懂技术、会经营的新型农民，增加农民收入，提升农民综合素质，推进社会主义新农村建设。

本系列图书的出版得到了中国农业产业经济发展协会高级顾问祁荣祥将军，中国农业大学教授、农业规划科学研究所所长、设施农业研究中心主任张天柱，中国农业大学动物科技学院教授、国家资深畜牧专家曹兵海，农业部课题专家组首席专家、内蒙古农业大学科技产业处处长张海明，山东农业大学林学院院长牟志美，中国农业大学副教授、团中央青农部农业专家张浩等有关领导、专家的热忱帮助，在此谨表谢意！

在本系列图书编写过程中，我们参考和引用了一些专家的文献资料，由于种种原因，未能与原作者取得联系，在此谨致深深的歉意。敬请原作者见到本书后及时与我们联系（联系邮箱：tengfeiwenhua@ sina. com），以便我们按国家有关规定支付稿酬并赠送样书。

由于我们水平所限，书中难免有不妥或错误之处，敬请读者朋友们指正！

编　者

CONTENTS

目 录

第一章 饲养标准

第二章 猪的采食和消化

第三章 猪饲料分类、营养与添加剂

第四章 猪饲料配方及其加工

第五章 常用饲料

第一章
饲养标准

第一节 饲养标准及其作用

一、饲养标准的概念

所谓饲养标准，就是指猪在一定生理生产阶段，为达到特定的生产水平和生产效率，每日供给每头猪的各种种类的营养物质和数量或者百分比或者每千克饲粮各种营养物质含量。它不仅加有安全系数（高于最低营养需要），而且附有相应饲料成分及营养价值表。

二、营养需要的概念

营养需要指猪需要各种营养物质的最低量，它可以反映出群体的平均需要量，未加安全系数。在生产实际中应该根据具体情况适当上调，满足猪对各种营养物质的实际需要量。

营养供给量是由猪的最低营养需要量、加上保险系数、结合生产实际后的人为供应量。它能满足群体大多数猪的营养需要，安全系数过高也容易造成浪费

三、饲养标准的作用

作为配合日粮、检查日粮以及对饲料厂产品检验的依据就是饲

养标准的主要用途。它对于有效合理地利用各种饲料资源、提高配合饲料质量、提高饲料效率和养猪生产水平、促进养殖业和整个饲料行业的快速发展具有非常重要的作用。

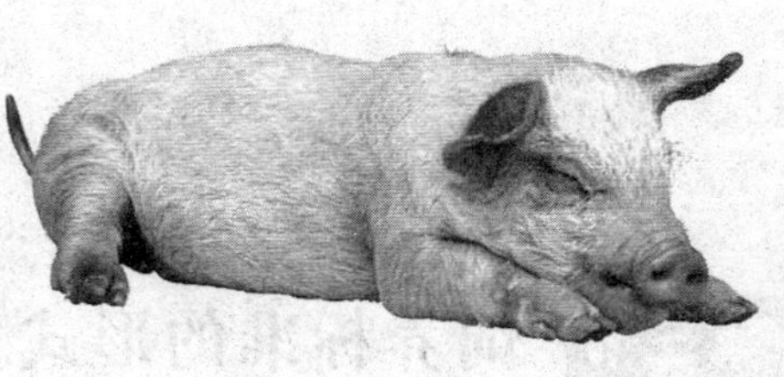

第二节 饲养标准的由来

猪的饲养标准是以科学试验和生产实践的结果为依据，以营养科学的理论为基础制定的，而且经过长期的生产实践和中间试验的验证并且进一步的修改。因此，猪的饲养标准是饲养科学技术发展总结和生产实践经验总结以及近代营养的集成。它既有切合实际的一面，又有营养需要科学性的一面，它是实际与理论结合的产物，具有很高的实用性和科学性。

世界上有很多国家都对本国猪指制定了饲养标准，如我国 1983 年制定的《肉脂型猪的饲养标准》和 1984 年制定的《瘦肉型生长肥育猪的饲养标准》；1944 年美国国家研究委员会（NRC）发表的第一版《猪的营养需要》和 1998 年美国国家研究委员会（NRC）发表的第十版《猪的营养需要》；1981 年英国农业科委（ARC）发表的第二版《猪的营养需要》等。

第三节 饲养标准的形式与内容

饲养标准在形式上，美国 NRC《猪的营养需要》，英国 ARC《猪的营养需要》，中国《肉脂型猪的饲养标准》等都具有代表性，饲养标准和营养需要的区别：后者是最低需要量，未加保险系数；而前者是实际生产条件下的营养需要，加有保险系数。

饲养标准在内容上，实际上也就是指标多少和水平高低的问题。所谓指标是指饲养标准中所规定营养需要的多少，各指标量的高低也就是指标水平。

在一定的时间内，饲养标准的内容和形式的变化基本上是大同小异，伴随着生产的要求和科学技术的发展，形式是由简单到复杂，指标是由少到多。

第四节 认识与应用饲养标准

一、饲养标准的普遍性和特殊性

世界各国制定饲养标准都依据饲养科学的理论基础和试验手段以及共同的营养；因此，饲养标准的基本原理和基本内容有许多共同点，一个国家的饲养标准往往采用其他国家的饲养标准，或者借鉴，用以制定本国的饲养标准。之所以饲养标准能够适用于较广泛的地区就在于它的普遍性。

由于各国的社会制度、生产体系、生产目标、饲养资源、管理条件、环境条件、动物种质等方面存在差异，各国的饲养标准在一定程度上反映本国的特点，适应本国的实际状况；因此，饲养标准又具有明显的特殊性和地域性。饲养标准的产生与科学发展水平的历史背景是有关联的，营养、饲养科学发展水平约束着它的制定，随着科学技术的日益进步，饲养标准的科学合理性也会不断地得到提高。所以，在应用饲养标准时应给予适当考虑。

二、饲养标准的原则性与灵活性

猪的饲养标准是以科学试验和生产实践的结果为依据，以营养科学的理论为基础制定的。饲养标准的制定是一个由个别到一般的

过程，舍弃了各种复杂多样及具体的的偶然因素，所反映的是一种群体的、一般的平均数；因此，饲养标准具有高度的原则性和概括性。饲养标准的制定，一方面使畜牧工作者饲养猪种有据可依，另一方面使饲料工业生产配合饲料有章可循，所以，在饲养实践中，应力求按照饲养标准配制日粮，检测日粮，坚持饲养标准的原则性，提高配合饲料质量。在实际操作中，应用饲养标准的时候，应尽可能地考虑所饲养的品种、所能达到的饲养管理水平、所处的环境条件等具体情况，要根据实际应用后的效果和生产条件的具体情况对饲养标准做适当调整，不可生搬硬套，要灵活应用，从而得出更加切合当地、当时以及某一猪种的具体生产实际的饲养标准。

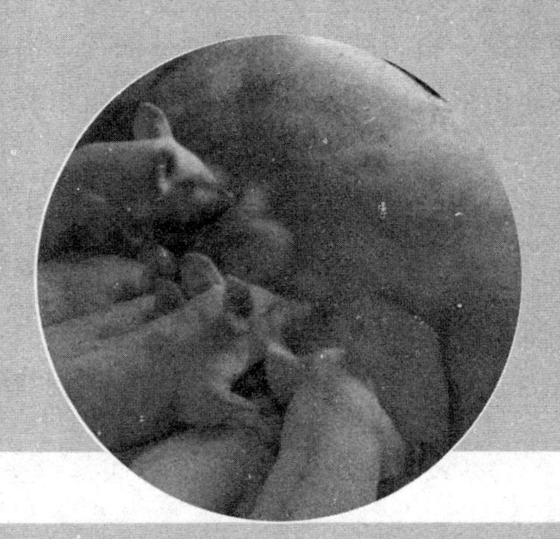

第二章

猪的采食和消化

饲料中所含营养物质一般可以分为五大类，即碳水化合物、蛋白质、矿物质、维生素和脂肪，猪本身也是由这五大营养物质组成的，猪为了生长和繁殖以及生存本身，都要不断地从外界采食饲料，把其中所含的脂肪、矿物质、碳水化合物、蛋白质、维生素等营养物质消化转化成葡萄糖、脂肪酸、氨基酸、甘油等，由肠壁吸收入血液，再转送到其他组织，从而保证猪的形成体组织和各种生命活动的需要。

猪的采食由下丘脑的采食中枢调节，在一般情况下，猪饥饿的时候便会食欲增强，当猪采食并且经过消化和吸收营养物质后，食欲便会下降。猪采食量的多少在神经中枢的控制调节下，还受其他因素影响，包括遗传、体重、人为、环境、生理、饲料等。

第一节 内部因素

饲料采食量与遗传有关，猪的不同品种也存在采食量的差异，据 Bereskin（1976）测定，大约克夏猪较杜洛克猪采食量小，据李同洲等（1985）测定，深县猪的采食量与食欲较定县猪低。

猪的生理状况与饲料采食量也有关联，母猪的采食量低于去势猪，发情母猪的采食量可减少 84.5%（Friend，1973）。

猪的体重和生理阶段与饲料采食量也有关联。各生理阶段以及体重不同的猪每日消化能采食量为：

哺乳仔猪（13.5 日龄后）

DE 摄入量（千焦/天）= −635+（47×日龄）$R^2=0.72$（NRC，1987）

断乳仔猪（20 千克以下，W 为体重）

DE 摄入量（千焦/天）= −556+（$1050\times W$）−（$4.14\times W^2$）（NRC，1998）

生长肥育猪（20～120 千克）

DE 摄入量（千焦/天）= −5230+（$787\times W$）−（$5.86\times W^2$）+（$0.0184\times W^3$）（NRC，1998）

泌乳母猪（t 为泌乳天数）

DE 摄入量（千焦/天）= 54+（$2.49\times t$）−（$0.072\times t^2$）（NRC，1987）

第二节 外部因素

一、人为因素

根据猪的生产目的和生理阶段，有些时候应该让猪尽可能多地采食饲料，可以采用随意（自由）采食的方式，如生长肥育猪多采用此种方式；有些时候又要控制猪的采食量，也就是限量采食（限制饲养），如妊娠母猪的饲养。

二、环境因素

饲料采食量受温度的影响，高温可以很明显地降低猪的采食量，据 Verstegen（1978）报道，以 15℃时的采食量为 100%，5℃时为 108.3%，10℃时为 104.7%，20℃时为 96.1%，25℃时为 94.7%。另外，食槽结构、圈养密度、猪舍湿度、猪群大小、猪舍有害气体浓度、位置以及每头猪所占食槽宽度等都影响着猪的采食量，所以，在生产上应多加注意。

三、饲料因素

饲料的形态和营养组成以及适口性也能影响猪的采食量。一般的猪喜欢甜食，添加调味剂在优质饲料或者饲料中，能在一定程度上提高饲料适口性，进而增加猪的采食量。粉料与颗粒料相比，猪更喜欢吃颗粒料，湿拌料与干粉料相比，猪更喜欢吃湿拌料，并且采食时间短，采食量也相对较大，干粉料粉碎过细会降低适口性，进而影响猪的采食量。饲粮能量浓度高时，采食量（重量）会相应减少，但采食的消化能数值会增加。

第三章

猪饲料分类、营养与添加剂

第一节 饲料及其分类

饲料是指在合理饲喂条件下能对动物调控生理机能、提供营养物质、改善动物产品品质，并且不发生毒害作用的物质。动物生产的物质基础就是饲料，为了合理科学有效地利用饲料，建立现代饲料分类体系是完全有必要的，用来适应现代动物生产发展需要。各国对饲料分类方法至目前尚未完全统一。迄今为止，美国学者L. E. Harris（1956）的饲料分类原则和编码体系，已被大多数学者认同，并逐渐发展成为当下饲料分类编码体系的基本模式，被称为国际饲料分类法。20世纪80年代，我国在研究员张子仪的主持下，将我国传统分类体系与国际饲料分类原则相结合，提出了我国的编码系统和饲料分类法。

一、国际饲料分类法

美国学者哈理斯（L. E. Harris，1956）根据饲料的营养特性将饲料分为粗饲料、青贮饲料、能量饲料、蛋白质补充料、矿物质饲料、维生素饲料、青绿饲料、饲料添加剂8大类，并对每类饲料冠以6位数的国际饲料编码（international feeds number. IFN），首位数代表饲料归属的类别，后5位数是按饲料的重要属性给定编码。编码共分为 3 节，表示为：△—△△—△△△。

(一) 粗饲料

粗饲料是指粗纤维含量大于或者等于 18% 的饲料干物质，以饲喂形式为风干物的饲料，如农作物秸秆、干草类等。IFN 形式为：1—0—000。

(二) 青绿饲料

青绿饲料是指含量在 60% 以上天然水分的饲用作物、青绿牧草、树叶类以及瓜果类、非淀粉质的根茎。IFN 形式为：2—00—000。

(三) 青贮饲料

青贮饲料是指原料是天然新鲜青绿植物性饲料，在厌氧的条件下，经过以乳酸菌为主的微生物发酵后调制成的饲料，具有青绿多汁的特点，如玉米青贮。IFN 形式为：3—00—000。

(四) 能量饲料

指饲料绝干物质中粗纤维含量低于 18%、粗蛋白低于 20% 的饲料。如谷实类、糠麸类、淀粉质块根块茎类、糟渣类等。IFN 形式为：4—00—000。

(五) 蛋白质补充料

饲料干物质中粗蛋白质含量大于或者等于 20%，粗纤维含量低于 18% 的饲料，称为蛋白质补充料，如鱼粉、豆饼（粕）等。IFN 形式为：5—00—000。

（六）矿物质饲料

矿物质饲料是指以可供饲用的化工合成无机盐类、天然矿物质和有机配位体与金属离子的螯合物。IFN 形式为：6—00—000。

（七）维生素饲料

维生素饲料是由工业合成或者提取的单一种或者复合维生素的饲料，富含维生素的天然青绿饲料不包括在内。IFN 形式为：7—00—000。

（八）饲料添加剂

饲料添加剂是为了利于营养物质的消化吸收，促进动物生长和繁殖，改善饲料品质，保障动物健康而掺入饲料中的少量或者微量物质的饲料，矿物质元素、维生素、氨基酸等营养物质添加剂不包括在内。IFN 形式：为 8—00—000。

二、中国饲料分类法

研究员张子仪等（1987）建立了我国饲料分类方法和饲料数据库管理系统。根据国际饲料分类原则先将饲料分成 8 大类，再结合中国传统饲料分类习惯划分为 16 亚类，把两者结合，迄今可能出现的类别有 37 类，对每类饲料冠以相应的中国饲料编码（chinese feeds number，CFN），共 7 位数，首位也用 IFN，第 2 位和第 3 位以 CFN 为亚类编号，第 4 ~ 7 位就是顺序号。编码共分 3 节，表示为：△—△△—△△△△。

（一）青绿多汁类饲料

含量大于或者等于45%天然水分的栽培草地牧草、野菜、牧草、鲜嫩的藤蔓以及部分未完全成熟的谷物植株等都属于这一类。CFN形式为：2—01—0000。

（二）树叶类饲料

树叶类饲料有2种类型：采摘的新鲜树叶，饲用时含量在45%以上天然水分的属青绿饲料，CFN形式为：2—02—0000。采摘的树叶风干后，粗纤维含量大于或者等于18%的干物质，如槐叶、松针叶等属粗饲料，CFN形式为：1—02—0000。

（三）青贮饲料

青贮饲料有3种类型：其一是谷物湿贮，以新鲜玉米、麦类籽实为主要原料，不经干燥即贮于密闭的青贮设备内，经乳酸菌发酵，其水分在28%～35%。根据营养成分含量，属能量饲料，但从调制方法分析又属青贮饲料。CFN形式为：4—03—0000。其二是低水分青贮饲料，亦称半干青贮饲料，用天然水分含量为45%～55%的半干青绿植物调制成的青贮饲料。其三是由新鲜的植物性饲料调制成的青贮饲料，一般含水量在65%～75%的常规青贮。第二类、第三类CFN形式均为：3—03—0000。

（四）块根、块茎、瓜果类饲料

上述饲料有2种类型：一类是含量大于或者等于45%天然水分

的块茎、瓜、果、块根类，如胡萝卜、饲用甜菜、芜菁等；鲜喂，则 CFN 形式为：2—04—0000。这类饲料脱水后的干物质中粗蛋白质和粗纤维含量都较低，干燥后就属于能量饲料，如木薯干、甘薯干等。干喂，则 CFN 形式为：4—04—0000。

（五）干草类饲料

干草类饲料包括野生或者人工栽培牧草的风干或者脱水物，其水分含量在 15% 以下。水分含量在 15% ~25% 的干草压块也属于这一类。此类饲料有 3 种类型：第一类指一些优质豆科干草，干物质中的粗蛋白含量大于或者等于 20%，而粗纤维含量又低于 18% 者，如苜蓿或者紫云英的干草粉，属蛋白质饲料，CFN 形式为：5—05—0000；第二类指干物质中粗纤维含量小于 18%，而粗蛋白质含量也小于 20% 者，属能量饲料，如优质草粉，CFN 形式为：4—05—0000；第三类指干物质中的粗纤维含量大于或者等于 18% 者都属粗饲料，CFN 形式为：1—05—0000。

（六）农副产品类饲料

农副产品类饲料有 3 种类型：其一是干物质中粗纤维含量小于 18%，而粗蛋白质含量大于等于 20% 者，属于蛋白质饲料，CFN 形式为：5—06—0000（罕见）；其二是干物质中粗蛋白含量也小于 20%、粗纤维含量小于 18% 者，属能量饲料，CFN 形式为：4—06—0000（罕见）；

其一是干物质中粗纤维含量大于或者等于 18% 者，如秸、荚、壳等，都属于粗饲料，CFN 形式为：1—06—0000。

（七）谷实类饲料

谷实类饲料的干物质中，一般粗蛋白含量也小于20%，粗纤维含量小于18%，如玉米、稻谷等，属能量饲料，CFN形式为：4—07—0000。

（八）糠麸类饲料

糠麸类饲料有2种类型：其一是粮食加工后的低档副产品，如统糠、生谷机糠等，其干物质中的粗纤维含量多大于18%，属于粗饲料，CFN形式为：1—08—0000。其二是饲料干物质中粗蛋白质含量小于20%，粗纤维含量小于18%的各种粮食的碾米、制粉副产品，如小麦麸、米糠等，属于能量饲料，CFN形式为：4—08—0000。

（九）豆类饲料

豆类饲料有2种类型：其一是个别豆类籽实的干物质中粗蛋白质含量在20%以下，如江苏的爬豆，属于能量饲料，CFN形式为：4—09—0000；其二是豆类籽实干物质中粗纤维含量又低于18%，而粗蛋白质含量大于或者等于20%者，属于蛋白质饲料，如大豆等，CFN形式为：5—09—0000。

（十）饼粕类饲料

饼粕类饲料有3种类型：其一是干物质中的粗纤维含量大于或者等于18%的饼粕类，即使其干物质中粗蛋白质含量大于或者等于

20%，仍属于粗饲料类，如有些多壳的葵花籽饼及棉籽饼，CFN 形式为：1—10—0000；其二是干物质中粗纤维含量小于 18%，粗蛋白质大于或者等于 20%，大部分饼粕属于这种饲料，为蛋白质饲料，CFN 形式为：5—10—0000；其三是干物质中粗纤维含量小于 18%，粗蛋白质含量小于 20%，如米糠饼、玉米胚芽饼等，这些属于能量饲料，CFN 形式为：4—08—0000。

（十一）糟渣类饲料

糟渣类饲料有 2 种类型：其一是干物质中粗蛋白质含量低于 20%，且粗纤维含量也低于 18% 者属于能量饲料，如优质粉渣、醋糟、甜菜渣等，CFN 形式为：4—11—0000；其二是干物质中粗纤维含量小于 18%，而粗蛋白质含量大于或者等于 20% 者，属蛋白质饲料，如含蛋白质较多的啤酒糟、豆腐渣等，CFN 形式为：5—11—0000。

（十二）覃籽树实类饲料

草籽树实类饲料有 3 种类型：其一是干物质中粗蛋白质含量大于等于 20% 而粗纤维含量在 18% 以下者，属于蛋白质饲料，但比较罕见，CFN 形式为：5—12—0000；其二是干物质中粗纤维含量大于或者等于 18% 者属于粗饲料，如灰菜籽等，CFN 形式为：1—12—0000；其三是干物质中粗蛋白质含量小于 20%，而粗纤维含量在 18% 以下者，属于能量饲料，如干沙枣等，CFN 形式为：4—12—0000。

（十三）动物性饲料

动物性饲料有3种类型：其一是粗灰分含量也较低的动物油脂，干物质中粗蛋白质含量小于20%，属于能量饲料，如牛脂等，CFN形式为：4—13—0000；其二是干物质中粗脂肪含量较低，粗蛋白质含量小于20%，以补充钙磷为目的，属于矿物质饲料，如骨粉、贝壳粉等，CFN形式为：6—13—0000。其三是均来源于渔业、畜牧业的动物性产品及其加工副产品，其干物质中粗蛋白质含量大于等于20%，属于蛋白质饲料，如动物血、鱼粉、蚕蛹等，CFN形式为：5—13—0000。

（十四）矿物质饲料

矿物质饲料指可供饲用的天然矿物质，如石灰石粉等；化工合成无机盐类，如硫酸铜等及有机配位体与金属离子的螯合物等，CFN形式为：6—14—0000。来源于动物性饲料的矿物质也属于这一类，如骨粉、贝壳粉等，CFN形式为：6—13—0000。

（十五）维生素饲料

维生素饲料是指由工业提取或者合成的单一或者复合维生素制剂，如核黄素、胆碱、硫胺素、维生素A、维生素D、维生素E等，富含维生素的天然青绿多汁饲料不包括在内。CFN形式为：7—15—0000。

（十六）饲料添加剂

饲料添加剂有2种类型：其一是为了补充营养物质，提高饲料利用率，促进动物生长和繁殖，改善或者保证饲料品质，保障动物健康而掺入饲料中的微量或者少量营养性以及非营养性物质。如添加饲料防腐剂、驱虫保健剂、饲料黏合剂等非营养性物质，CFN形式为：8—16—0000。其二是用于补充氨基酸为目的的工业合成蛋氨酸、赖氨酸等，CFN形式为：5—16—0000。

（十七）油脂类饲料及其他

油脂类饲料主要目的是补充能量，属于能量饲料，CFN形式为：4—17—0000。随着饲料科学研究水平日益提高以及饲料新产品的涌现，还会不断增加新的CFN形式。

第二节 添加剂预混料基础知识

一、添加剂及其分类

（一）概念

为了某种特殊需要而向饲料中另行添加的一种或者几种具有不同生物活性的特殊物质的总称叫做饲料添加剂。用量少是饲料添加剂的主要特点，在饲料配制地过程中，一般比例为1%～10%，有的仅占百分之零点几（1毫克/千克=0.0001%），不能直接提供能量营养成分，但是可以有效地完善和平衡饲料中的营养成分、提高饲料的利用率以及报酬率，并且能提高动物的免疫力、促进动物生长发育，使动物的食欲大增、提高产量，缓解、减少一些饲料原料的毒性、改进动物产品的品质。从而达到以较少的饲料，获取较多的动物产品，创造最好的经济效益。所以，饲料添加剂是配合饲料质量的关键，也是配合饲料的核心成分。

（二）分类

饲料添加剂一般分为两大类；一类是营养性饲料添加剂，另一类是非营养性饲料添加剂。

（1）营养性饲料添加剂　营养性饲料添加剂包括氨基酸添加剂、矿物质饲料添加剂、酶制剂、维生素饲料添加剂非蛋白氮饲料添加剂等，是指用于补充饲料营养成分的少量或者微量物质。

在使用营养性添加剂的过程中，一要注意其使用的准确性，要根据具体使用的添加剂产品中有效成分的含量和具体饲料产品对添加剂产品的要求确定实际生产中所使用的添加剂产品和添加数量；二要注意其使用的必要性，在准确检测基础饲料中各项营养成分的含量之后，再根据具体动物的营养需要，确定相应添加剂是否需要补充及要补充的具体数量；三要注意各类营养成分之间的平衡关系，研究表明，只有平衡才会使营养成分的利用率最高。有些营养性添加剂如果添加过量不仅增加饲料成本，还会对动物产生毒副作用。据研究，维生素A和维生素D添加过量将破坏其他营养物质的正常代谢，并且明显抑制动物正常生长。所以，使用营养性添加剂应遵守的原则是：准确、必要、避免过量的毒副作用。

①维生素饲料添加剂。维生素是猪不可缺少的营养物质，一般需要添加维生素A、维生素D和维生素E。市场上销售地产品主要有含多种维生素的“复合维生素添加剂”。

维生素A乙酸酯：灰黄色或者淡黄色颗粒，这种原料经酯化和明胶包被后，稳定性明显增强，在日粮中添加能促进皮肤与黏膜发育或再生，调节机体代谢，促进健康和生长。

维生素D_3：米黄色或者黄色微粒。作为维生素D补充剂，能有效调节钙、磷代谢，促进肠道对钙、磷的吸收，还可以预防佝偻病、强化抗病力。

维生素 A/D_3 微粒：黄色或者棕色微粒，促进钙、磷代谢和骨骼正常发育保护皮肤和黏膜，维持神经细胞正常功能，促进脂肪代谢，增强抗病力，稀释配制成预混剂，按产品说明饲喂。

维生素 E 粉：类白色或者淡黄色粉末。调节碳水化合物和肌酸代谢，促进性腺发育，提高受精率。

维生素遇阳光直射，温度过高，湿度过大都会使效能下降，所以维生素添加剂要妥善保管。盛放的容器要密封、避光、防潮，温度最好在 20℃以下。短期用不完，不要大批购入，以免存放时间过长，影响效能；多数维生素和矿物质微量元素能相互作用而失效，最好不要把它们混在一起使用；夏季大量饲喂青绿饲料时可考虑少添或者不添维生素添加剂。

②矿物质饲料微量元素添加剂。矿物质是猪不可缺少的营养物质，其中占体重 0.01% 以上的称常量元素，猪最需要的常量元素是钙、磷；占体重 0.01% 以下的称微量元素，主要有铁、铜、锌、锰、钴、碘和硒。

我国已颁布了 10 种饲料级矿物质添加剂暂行标准，其中微量元素添加剂 7 种，同时各地还研制了含多种微量元素的复合添加剂，饲喂效果好，在生产中易于推广使用。

硫酸铜（饲料级）：浅蓝色结晶粉末，是添加到饲料中的铜营养补充物，用于合成血红蛋白，维持正常生长，保证健康。

硫酸亚铁（饲料级）：浅绿色结晶，可预防铁缺乏病如低血红蛋白性贫血。补铁可保证猪正常生长及育肥。

硫酸锌（饲料级）：白色结晶粉末，可补锌，保障体内多种酶和胰岛素的合成，维持正常的营养代谢、生长和繁殖机能。

硫酸锰（饲料级）：白色或者略带粉红色结晶。可以为猪补充锰，保证脂肪代谢、蛋白质及胆固醇合成等正常生理功能。

氯化钴（饲料级）：红色或者紫红色结晶，是猪所需钴的补充物，钴是维生素 B_{12} 的成分，能保障猪消化道内微生物对维生素 B_{12} 的合成，预防恶性贫血病。

碘化钾（饲料级）：白色结晶，是猪所需碘的来源，用于合成甲状腺素，维持体内酶的活性，保障生长、发育。

亚硒酸钠（饲料级）：无色结晶粉末，作为硒营养的补充，预防白肌病，保障猪正常生长、繁殖。亚硒酸钠是剧毒，应溶于水后按每天用量均匀喷洒在部分精料混合料中，逐级混合后饲喂。

在使用微量元素添加剂时要注意适量添加，过量添加不但浪费，而且有害；过去有人使用化工产品作原料，杂质多，不提倡继续使用；在饲料中混合要均匀，微量元素量小，应先用少量饲料逐级混合，然后再均匀混合到饲料中去。目前一般市售微量元素添加剂都是先制成添加剂预混料，再向饲料中添加。

③氨基酸添加剂。氨基酸是构成蛋白质的基本单位，参与机体的生化反应和生理机能过程，是动物最重要的一类营养物质。目前已经发现的氨基酸有 25 种以上，构成动物蛋白质的氨基酸有 20 种左右。动物机体若缺乏某一种氨基酸，特别是必需氨基酸，将会严重影响正常的生长发育。因此，氨基酸类添加剂已成为一种使用较为广泛的饲料添加剂。氨基酸分为两类：一类是动物体内不能合成，或者合成量很少，不能满足动物机体正常的需求，需要从饲料中摄入的氨基酸，叫做必需氨基酸，又称为限制性氨基酸；另一类是动物机体能够根据需要合成，或者需求量很少，不需要由饲料提供的

氨基酸，叫做非必需氨基酸，又称为非限制性氨基酸。必需氨基酸又依据需求程度和重要性依次分为第一限制性氨基酸和第二限制性氨基酸等。

常用的 4 种氨基酸基本特性如下。

赖氨酸：赖氨酸添加剂一般指 L-赖氨酸盐酸盐，在商品上标明的含量（纯度）*W* 为 98.5%，指的是 L-赖氨酸盐酸盐的含量，实际含 L-赖氨酸 78.84%，一般可用 79% 的含量计算，其蛋白质当量为 95.8%。赖氨酸的硫酸盐含赖氨酸 40%，蛋白质当量 67%～73%。该产品为白色或者淡褐色粉末，易溶于水，无味和稍有异味，稳定性良好。

蛋氨酸：蛋氨酸有两类，一类是 DL 蛋氨酸，含量为 98.5%，蛋白质当量为 58.6%。晶体为白色或者黄色粉末，有特异性臭味，稳定性好。另一类是 DL-蛋氨酸羟基类似物及其钙盐。目前使用的蛋氨酸大部分为粉状 DL-蛋氨酸。

蛋氨酸羟基类似物及其钙盐没有氨基，但具有可以转化为蛋氨酸所特有的碳架，故有蛋氨酸的生物学活性，但只相当于蛋氨酸的 80%。

苏氨酸：常用的是 L-苏氨酸，含量为 98%，蛋白质当量为 73.7%。本品为无色至黄色结晶，有极弱的特殊气味，易溶于水，不容于无水乙醇。

色氨酸：常用的色氨酸为 L-色氨酸和 LD-色氨酸，含量为 98%，蛋白质当量 85.7%。外观为无色或者为黄色晶体，有特殊气味，易溶于水，不溶于乙醇。

（2）非营养性饲料添加剂　为保证或者改善饲料品质、改善和促进动物生产性能、保证动物健康、提高饲料利用率而使用的饲料添加剂属于非营养性饲料添加剂。

在使用非营养性添加剂过程中，一要注意其使用的实用性，即因饲料生产的客观条件决定这类添加剂的使用与否和剂量。由于这类添加剂各自具有明确的功能，而有些功能在某些全价饲料产品中并不是必须具有的，比如在中国北方或者干燥的地区所使用的全价饲料中，防霉剂的使用就应与南方或者潮湿地区的使用方法有所不同；二要注意其使用的安全性，因为这类添加剂中，绝大部分具有药理活性，或者是人工合成的添加剂原料，因此，要严格遵守国家《饲料添加剂管理条例》的各项规定，使用国家正式批准的饲料添加剂产品；三要注意使用的有效性，要注意保质期、有效成分含量和使用的有效剂量，数量过少就没有作用，数量过多，不仅对动物本身产生毒副作用，还会造成严重的环境污染和细菌抗药性等微生态污染。所以，使用非营养性添加剂应遵守地原则是：实用、安全、有效。

①微生态制剂类饲料添加剂。微生态制剂是指在微生态理论指导下，运用微生态原理，利用对宿主有益无害的、活的正常微生物或者正常微生物促生长物质经过特殊工艺制成的制剂，从而达到调整机体微生态平衡的目的。1970 年我国就开始对动物微生态制剂的研究，但在生产中应用却是在最近几年。我国在 1992 年成立了中国动物微生态学会，并把微生态制剂以及应用技术列入国家“八五”科技攻关课题，进而推动了微生态制剂的应用研究工作。现在国内已有一些生产厂家研制出饲用微生态制剂，在实际生产应用中表现出明显的作用和效果。作为绿色饲料添加剂之一的微生态制剂，在

这短短的几年之间发展迅速，人们在作用机理、生理功能、菌群种类、应用实践等方面进行了有益的探索，取得了相当不错的成就。

微生态制剂的种类包括拟杆菌制剂、歧杆菌制剂、芽孢杆菌制剂、酵母类制剂、乳酸菌制剂等。

②抗生素类饲料添加剂。抗生素是一种微生物代谢产物这种化合物对许多其他微生物（细菌、真菌、立克氏体、病毒、支原体和依原体等）有抑制作用以及杀灭作用。饲料添加剂应用抗生素已有40多年的历史。国内外大量的实验和生产实践表明，抗生素对促进动物生长，提高生产性能，提高经济效益，改进饲料利用率和保证动物健康方面效果明显，尤其是在卫生条件差的情况下效果更加显著。它的主要功能是影响畜禽体内代谢过程的速度，抑制与宿主争夺营养成分的微生物，促进消化道的吸收能力，提高畜禽对饲料的利用率，抑制病源微生物的繁殖，增进畜禽健康。

但是，使用抗生素也引起了许多争议，目前人们最关心的问题主要在两个方面：其一是畜产品中抗生素残留会影响人类健康，其二是畜禽长期低剂量使用抗生素，将会产生耐药性菌株，从而给人类以及禽畜治疗或者预防一些疾病造成困难。

抗生素的种类繁多，大部分是人畜共用的，常引起争议。目前美国、中国等对抗生素的使用非常谨慎，欧盟、韩国已经禁止在饲料中添加抗生素。

③中草药饲料添加剂。在我国中草药作饲料添加剂已经有悠久的历史。中草药饲料添加剂是根据中医中药理论选单味或者将几种有药用价值的动植物产品配伍组成，对动物生长和生产性能有一定作用效果的一类饲料添加剂。畜禽的饲料以中草药作为添加剂，不

仅可以弥补防病疫苗之不足，而且没有毒副作用、没有残留，又多是常见药物，价格便宜，并且没有农药污染，在性能等许多方面比化学性添加剂好很多，所以，中草药饲料添加剂符合现代饲料添加剂的发展要求，是一种完全可以替代抗生素类饲料添加剂的产品。随着抗生素等药物添加剂逐步被限用和禁用，越来越引起饲料工作者们对中草药饲料添加剂的注意和研究，并在实践中取得了很好的效果。

中草药含有粗蛋白、氨基酸、维生素、矿物元素、糖、油脂等多种营养成分及生物碱、糖苷、植物生长素、植物杀菌素等药理活性物质，通常一味中草药就是一个复方，方便就地取材，制成饲料添加剂，成本低而且有实际效果，推广应用于养殖业，有利于提高养殖效益。

已发现应用于动物的中草药及其作用如下：淫羊藿、人参、虫草等具有雄激素样作用；香附、当归、甘草、补骨脂、蛇床子等具有雌激素样作用；水牛角、穿心莲、雷公藤等具有促肾上腺皮质激素样作用；细辛、附子、吴茱萸、高良姜、五味子等具有肾上腺素样作用；酸枣仁、枸杞子、大蒜等具有胆碱样作用等；射干、大青叶、板蓝根、金银花等具有抗病毒作用；维生素 A 样作用的有小茴香等；维生素 E 样作用的有当归、续断等。金银花、连翘、大青叶、蒲公英等具有广谱抗菌作用；土茯苓、青蒿、虎杖、黄柏等具有抗螺旋体作用；苦参、土槿皮、白藓皮等具有抗真菌作用等；还有中草药中的多糖类（黄芪多糖、花粉多糖等）、有机酸类（马兜铃酸等）、生物碱类（小碱等）、甙类（人参皂甙等）和挥发油类（大蒜素等）有增强免疫的作用。

④调味剂类饲料添加剂。调味类饲料添加剂的种类如下：

甜味剂：甜味剂主要是为了改善饲料的口味，常用于仔猪等味觉较敏感的动物，可提高动物应激状态下的采食量。饲料添加剂常用的甜味剂有糖精、低碳糖、干草等，其中糖精较为常用。

咸味剂：咸味剂主要有食盐和碳酸氢钠等，主要在猪饲料中使用。适量使用咸味剂可增进食欲，改善饲料适口性，但注意不可过量使用，否则可能造成中毒。

香味剂：香味剂主要是为了改变饲料中一些不良气味和迎合动物对一些气味的偏好。主要应用于猪等具有高度发达嗅觉的动物。

酸味剂：酸味剂主要用于调节消化道中的 pH 值，抑制病原微生物的繁殖，提高消化吸收能力。常用于仔猪地饲料中。常用的酸味剂以有机酸为主，其中以柠檬酸、延胡索酸、甲酸钙、和琥珀酸等较为常用。

鲜味剂：一般常用的鲜味剂有谷氨酸钠，即味精，在猪饲料中经常使用，可以提高食欲，促进生长。

⑤黏合剂类饲料添加剂。生产颗粒饲料的时候，添加少量的黏结剂在原料中有助于颗粒的黏结，提高生产力，延长压膜寿命，减少运输中的粉碎现象。常用的黏结剂有 α-淀粉、交联淀粉、褐藻酸钠、鱼浆、膨润土等。另外，糖蜜与脂肪也是颗粒饲料的良好的黏结剂，并可给家畜提供能量。

添加黏结剂的在饲料中作用主要包括：将含有多种营养成分的原料黏合在一起，减少颗粒饲料的崩解及营养成分的损失；保障动物从配合饲料中获取全面营养；提高饲料的适口性，促进采食。

⑥防霉剂类饲料添加剂。防霉剂：所谓防霉剂是指能够抑制霉

菌等繁殖，防止饲料腐败变质的物质。

防霉剂的作用：饲料中添加防霉剂，能起到防止饲料发霉，延长贮存期，减少饲料浪费，保存饲料营养价值的作用，尤其是在高温高湿地区、高温高湿季节或者南方的梅雨季节，饲料中添加防霉剂显得尤为重要。

常用的防霉剂有：丙酸盐类、山梨酸、柠檬酸、除霉净、克霉灵、富马酸二甲酯、克霉净、大蒜等。

⑦抗氧化类饲料添加剂。所谓抗氧化剂，就是可以延缓或者阻止饲料中脂肪自动氧化，延长饲料保藏时间的物质。

抗氧化剂的作用：抗氧化剂主要用于含有高能高蛋白和高维生素的饲料原料及配合饲料、添加剂预混料中，以防止或者延缓脂肪、脂溶性维生素的氧化变质，提高饲料适口性。常用的抗氧化剂为：A. 乙氧基喹啉，多用于油脂、苜蓿、动物副产品、维生素及预混料、配合饲料中，以防止饲料营养成分被氧化。B. 丁羟基茴香醚（BHT），具有较强的抗菌力，可抑制黄曲霉生长及黄曲霉毒素的产生，主要用于油脂类和维生素类预混料。

二、载体与稀释剂

饲料预混料是一种或者多种微量成分的载体或者稀释剂的均匀混合物，是通过用载体来“载带”或者稀释剂逐步“稀释”的办法，保证微量成分均匀混合于饲料中，提高配料速度和配料精度，同时通过对载体、稀释剂的科学使用，可以解决某些微量成分的稳定性差以及各类添加剂理化特性不一致而引起的相互影响。

（一）载体

（1）概念　载体是指能够承载微量活性成分，改善其分散性，并且有良好的化学吸附性和稳定性的可饲物质。载体能接受和承载细粉状活性成分的物质，它本身是一种非活性的饲用原料，能与一种或者多种活性微量组分很好混合。混合后的微量活性成分可以吸附在载体表面，其外观和混合特性都发生了很大的变化。载体承载活性成分的能力一般不超过自重，添加油脂可提高承载能力。从饲料添加剂的角度来讲，加入载体会将活性微量组分的浓度降低，并将多组微量活性颗粒分开，减少活性成分之间的反应，保持活性成分稳定性，有效保证添加剂和预混料的质量。预混料中的微量活性成分也就是指各种微量添加剂原料，如微量元素维生素、抗生素、化合物和其他药物等。微量成分被载体承载后，其本身的若干物理特性发生改变或者不再表现出来，并且更容易被拌匀。保证预混合饲料均匀混合的重要条件就是载体。载体可以吸附活性成分，使活性成分的颗粒加大。载体应具备水分低（6%~8%），pH 值为中性，化学性质稳定，表面粗糙，吸附和承载能力强，粒度适中，容重适宜等特点。根据微量活性组分和用途不同，可选择不同的有机或者无机载体。

（2）载体的要求　载体本身应该是非活性物料，对所承载的微量成分有良好的吸附能力并且不损害其活性；对所承载的主要原料有良好的混合特性；表面粗糙，有突起和孔隙；载体的粒度要比承载的微量活性组分大 2~3 倍，承载性能最佳的载体粒度为 30~80 目，载体承载粉状活性成分的承载量不能超过自重；微量组分的容重与载体的容重应接近，各种微量物质容重的平均值，一般是0.6～0.7克/厘米^3；载体的水分应控制在6%～8%；载体不具有药理活性，化学稳定性好，pH值应在6.5～7.5。

（3）分类　载体有两大类，一类是有机载体，另一类是无机载体：有机载体主要有小麦粉、花生壳粉、玉米酒糟、脱脂糠粉、花生秧粉、玉米蛋白粉、豆秸粉、玉米粉、草粉、树叶粉、淀粉渣、玉米胚芽粕粉、稻壳粉、大豆粉、玉米芯粉等；无机载体一般指无机盐类，如碳酸钙、二氧化硅、蛭石、沸石粉、食盐、硅酸盐、磷酸氢钙、滑石等。

（4）载体吸附微量组分后的均匀性　质量稳定的添加剂，其所有组分应是均匀分布的，组分间的比例与配方设计量应是一致的。但在不同的批次间也会存在差异，在生产中应特别注意。添加剂的均匀性差可导致采食动物实际摄入量与配方规定的供给量不符，造成添加剂过量或者不足，影响不同生长阶段动物的正常生长。对添加药物和微量元素的预混料来说，均匀性差可能造成使用不安全、动物中毒或者死亡、无作用等后果。因此必须选择使用合适的载体以保证预混料的均匀性。在技术方面应注意：载体的粒度和容重应与稀释的活性添加组分接近，以减少分离分级现象的发生；在添加剂中活性添加物质所占重量接近或者超过50%时，应考虑使用合适的载体并加大载体的用量；若所占重量为20%～30%，且活性组分粒度很少，则应使用吸附性强的载体。

（5）载体选择　可根据当地饲料资源条件而定，一般选择脱脂米糠粉较为理想，也可开发一些粗纤维含量较高的各种糟渣类或者下脚类作为载体，在无此类资源条件下，可应用如玉米芯粉、砻糠粉等作为高浓度有机类添加剂的载体，如药物预混料、维生素预混料等，而对于生产低浓度预混料或者厂内自用预混料者，在无较好的载体时可用麸皮、玉米粉、豆粕粉等常规饲料原料作为载体。

（二）稀释剂

（1）概念　稀释剂是指将添加剂原料均匀分布于物料中，将高浓度的添加剂原料稀释为低浓度的预混剂或者预混料的物质，可以把微量成分颗粒彼此分开，减少活性成分之间的相互反应，增加活性成分的稳定性，但对微量成分的有关物理特性影响不大。

（2）种类　包括去胚的玉米粉、蔗糖、葡萄糖、粗小麦粉、豆粕、石灰石糊、磷酸氢钙、高岭土、贝壳粉、食盐、硫酸钠等。

（3）作用和应用范围　稀释剂的作用是降低活性成分的浓度，使活性成分的颗粒隔开，减少活性成分之间的反应，有利于活性成分的稳定性。

（4）稀释剂选择　在实际生产中通常使用无机矿物原料，如沸石粉、凹凸棒土、石粉等。因为稀释剂的作用是用于均匀分布微量成分，且其容重大，故一般仅用作微量元素预稀释料以及矿物预混合饲料中，其粒度在符合微量元素预混料之规定下，要求分布相对集中并且与微量元素的粒度相近，水分和水分活度低。另外，在矿物添加剂中某些微量元素自身稳定性较差，并且呈酸性，对于此类物料，若使用石粉作为稀释剂，则会因石粉呈弱碱性而导致硫酸亚铁中的亚铁易发生氧化成三铁，并且使预混料颜色变成棕色或者褐色，还容易形成严重的结块现象，因此，一般推荐宜使用惰性稀释剂，如凹凸棒土、沸石粉等，这些稀释剂主要为硅酸盐类，对酸碱稳定，能保证微量元素的稳定性，从而使微量元素预混料的质量有保证。

（三）载体与稀释剂特性

保证预混合饲料质量的关键问题就是要选择合适的载体与稀释剂。我国饲料资源十分丰富，大部分的饲料资源都可以作为载体或者稀释剂，却因为各地区品种、价格结构的不同，各种饲料可用作载体与稀释剂的性能不尽一致，所以，载体与稀释剂的合理选择是生产高质量预混合饲料的有效手段之一。

在不同理化条件下，对常用的载体与稀释剂和各种微量组分进行混合、分级及混合物料的贮存试验得出结论：影响预混合饲料质量的因素较多，为了能获得良好加工质量的预混合饲料，必须按照一定的品种和规格以及质量要求准确选择载体和稀释剂，主要考虑的因素有：

（1）表面特性　载体的表面特性是承载微量成分的重要因素，对微量组分的镶嵌及承载性能随着其表面粗糙程度的增加而提高，其各混合与分级指标有明显的改善，例如使用脱脂米糠粉等为载体。同时，研究表明，在载体表面较光滑时，可在载体与添加剂混合均匀后添加1%～2%的油脂，以提高对添加剂原料和载体的包被性，减少预混合料的分级，也可预先加入1%～2%的加有抗氧化剂的油脂进行混合后再加入添加剂混合均匀，以提高载体颗粒的黏附性，改善载体对添加剂的承载能力，例如使用豆粕粉、玉米粉、细麸等为载体。某些稀释剂在添加一定量的油脂后也能具有一定的承载性。

（2）水分和水分活度　因为添加剂预混料内含有各种化学性质

不同的活性成分，它们之间的各种化学反应以水为介质，所以，在水分较高时会直接影响到预混料的加工及贮存期间的微量成分的稳定性。对其加工承载性能有较大影响的也包括载体水分。研究表明，水分较高时，由于其黏附能力较强而改善了载体对添加剂的承载能力，减少了分级现象，在贮存过程中，明显对某些活性成分添加剂有很大的副作用，影响活性微量成分的稳定性，例如对维生素的破坏、易使亚铁（Fe^{2+}）氧化成三铁（Fe^{3+}）等，所以，要求载体和稀释剂的水分越低越好，一般要求载体水分在10%以下，最好在8%以下。对于有些物料而言，虽然水分较低，但由于其水分活度较高也会影响微量成分的稳定性，例如同样脱脂米糠和石粉的水分为8%，但由于石粉原料中的水分活度大大高于脱脂米糠中的水分活度，故明显在此水分条件下石粉对微量组分的影响比脱脂米糠对微量组分的影响要大得多。

（3）容重　载体容重对饲料产品的混合均匀度有很大影响，由于载体多为有机物，其容重和矿物质相差很大，虽具有较强的承载能力，但研究表明，有机载体用于无机微量元素预混料时基本上不能改善其分级，反而比无机矿物稀释剂有增大的趋势故载体与稀释剂的容重与微量组分的容重相近才能保证预混料的混合均匀度和减少在后段工序中的下落和振动分级，所以，一般有机载体用于和其容重相近的添加剂原料，例如维生素预混料、药物预混料或者复合预混合饲料等，而无机态稀释剂一般用于微量元素预混料。

（4）粒度　由于载体和稀释剂对微量组分承载和稀释作用的不同，其粒度要求也不尽相同，虽然稍粗的载体对承载能力有所提高，但明显由于粒度差异增大而使预混料更易产生分级，所以，一般载体的粒度除要求符合预混合饲料质量标准外，应尽量使粒度分布相对集中，以减少混合物料的分级。同时和微量组分的粒子数目比也对预混料质量有明显的影响，载体或者稀释剂的粒子数目相对微量组分的粒子数目过少则明显影响其预混料质量，为达到较佳的预混效果，一般要求：载体与微量组分的粒度比在4：1~8：1，粒子数目比在1.5：1以上，且承载粉状活性成分的承载量不能超过自重，并要求与主体饲料原料的粒度比在3：1~6：1，稀释剂的粒度要比载体的粒度（0.2~1.0毫米）小，一般为0.05~0.6毫米，用于制作预混料的载体要求粒度在30~80目，而稀释剂的粒度一般要求在60~100目。

（5）亲水性、吸湿性和结块性　载体与稀释剂的吸湿性和亲水性具有密切的关系，较强亲水性的物料也易吸湿——“潮解”，吸湿后水分的增加进而影响微量组分的稳定性，同时吸湿后易产生结块及霉变现象，影响预混料的质量以及使用，故在选择时应使用吸湿性差、亲水性低、不易结块的物料作为载体或者稀释剂，必要时可加入适量的防结块剂、疏水剂等，如二氧化硅及硅酸盐类。

（6）流动性　流动性的强弱直接关系到载体、稀释剂与微量成分混合性能，也和制成的预混料在全价配合的混合性能有所关联，流动性过强，制成的预混料在混合工序后段的下落、振动中易产生分级，而流动性太差则会影响混合均匀性，所以，选择具有良好流动性的载体与稀释剂对于混合均匀性来说非常关键，流动性较差的时候，可加入适量的助流剂以改善其流动性，提高混合性能。

（7）酸碱度（pH值）　载体与稀释剂的pH会直接影响微量组分的活性，因为各种微量组分酸碱度不相同，在过酸（例pH值≤5

时）或者过碱（例 pH 值>5 时）条件下都会对各种微量组分产生一定的影响，所以在选择载体或者稀释剂的时候，要考虑微量组分的适宜 pH 值，必要时可加入适量的弱酸（例延胡索酸）或者弱碱（例一价磷酸钙）来分别降低或者提高 pH 值，也可用两种或者两种以上不同酸碱度的载体或者稀释剂搭配来调整 pH 值。维生素预混料在贮存过程中的稳定性在很大程度上取决于酸碱度。偏酸或者偏碱都会使维生素和其他微量活性成分的效价降低，一般要求载体的 pH 值在 6.5 ~7.5。对于偏酸或者偏碱的载体可用一价磷酸钙或者富马酸将 pH 值调为中性。

（8）静电吸附性　过干燥和过细的活性成分常带有静电荷，而带有静电的微粒易吸附在设备内表面容易造成损耗，添加的准确性和产品的质量将受到影响，还会腐蚀设备，增加残留，并且易于污染下次混合物，使粉尘增加，影响混合性能和流动性等。解决的措施一般要在设备良好的同时，可加入 1% ~3% 的油脂，以防止静电作用，减少粉尘的产生。

（9）其他　作为载体与稀释剂必须是不易被氧化、不与微量活性成分发生化学反应、化学性质稳定，同时必须注意微生物对预混料和配合饲料的影响，避免发霉变质，禁用霉变原料，尤其是有机原料。

因为载体和稀释剂的表面特性相差较大，所以两者在与添加剂的混合及分级过程中情况不同。根据混合理论，一般认为混合过程可分三个阶段：第一阶段：物料以对流混合为主，此阶段混合均匀度急骤下降；第二阶段：以物料间的相互滑动和剪切作用为主，此时的混合均匀度呈平稳下降趋势；第三阶段：物料粒子的扩散和分离达到相对平衡状态，此时的混合均匀度保持稳定或者稍有波动。

①载体混合分级特性。载体因为其表面特性特殊，所以在混合过程中，虽然至第三阶段初期其混合均匀度已达到理想水平，但这个时候的添加剂粒子和载体的相对状态仅仅是简单稀释和均匀分散，随着混合时间的延长，各种添加剂颗粒渐渐地被嵌入到载体的凹凸粗糙表面上，形成相对牢固的嵌入复合体，这个时候的载体对添加剂的承载能力逐渐提高，相应预混料混合物的分级逐步改善，混合到一定阶段，载体与添加剂的“嵌入”与“脱离”达到相对平衡，此时表现为载体对添加剂的承载能力不再提高，物料在下落与振动分级后的均匀度不再下降，保持相对稳定域小幅波动。所以，一般在使用载体时，混合时间宜在混合均匀度达到要求后再混合一定时间进而提高载体对添加剂的承载能力，减少混合物料的分级。

②稀释剂混合分级特性。对于稀释剂来说，由于其表面光滑，对添加剂仅有稀释与均匀分布的作用，混合时间的延长对物料的混合性能并不会有多大的改善，因此一般混合时间以第三阶段为宜，其混合物料在经过下落、振动等作用下，存在着一定程度的分级，试验表明，延长混合时间对分级无改善作用。

综上所述，添加剂及预混料质量的高低除其主要成分和加工工艺外，载体与稀释剂也是关键性的因素。所以，在生产实践中选择载体和稀释剂要针对添加微量物质，使其在添加剂和预混料中发挥应有的作用。

三、添加剂预混料的配制与加工

（一）添加剂预混料的概念及意义

虽然饲料添加剂的种类很多，但在配合饲料中的用量却极少，所以，在配合饲料中添加是很困难地。在实际生产的过程中，经常将添加剂与载体、稀释剂通过一定的加工工艺混合，进而增大其体积，提高在配合饲料中的添加量，也可以使添加剂能够在配合饲料中分布均匀。这种由一种或多种饲料添加剂和载体或者稀释剂按一定比例配制的均匀混合物就被叫做添加剂预混料。添加剂预混料在配合饲料中的添加量一般是0.01%～5%。

配制与使用预混料的意义就在于通过载体和稀释剂可以保证微量成分在饲料中混合均匀，实现营养平衡的配合饲料。

（二）添加剂预混料配方设计的原则

添加剂预混料的配制方法首先要查阅相应的饲养标准，制定饲料配方的重要依据也是饲养标准。国外的饲养标准有：美国《猪的营养需要》（NRC，1998年第十版）、英国ARC、法国APC等，中国饲养标准有《猪饲养标准》（NY/T—65）等。在生产实践中，大多是选用中国饲养标准与NRC标准作为配方依据。通过查阅相应的饲养标准，找出饲喂成分的需要量，同时还要考虑某些添加成分在当地土壤植被中缺乏情况（如我国东北地区大多缺硒），假如缺乏，适当增加一些比例增强安全系数。

添加剂原料、载体和稀释剂的选择和前处理选择的原料必须符合我国《饲料和饲料添加剂管理条例》《中华人民共和国兽药管理条例》《饲料卫生标准》《农产品安全质量无公害畜禽肉产品安全要求》的规定。原料中有毒有害元素含量符合饲料级原料相应的卫生标准，还要考虑原料的种类、纯度、性质、效价和价格。微量元素添加剂成分要求流动性好、含水量低、粒度小，故需要在生产预混料前对原料进行前处理，前处理工作主要包括；大粒原料的粉碎、含水量高的原料的驱水或者疏水、用量极微原料（如硒、碘、钴）的预先稀释与扩散、对一些易失劳的活性物质要进行覆膜或者包被等。根据原料的纯度和元素在原料中的含量，计算相应原料的用量；再依据添加剂预混料在全价饲料中的比例，计算出载体和稀释剂的用量。

添加剂配制原则如下。

（1）全面性　由于饲料添加剂在配合饲料中有多种作用效果，要满足多种需求，因此设计饲料添加剂预混料要全面、综合的考虑和设计。既要考虑饲料营养水平的全面性和平衡性，还要有促生长、保健、提高适口性、着色等特殊作用。

（2）经济性　饲料添加剂成本占配合饲料成本的5%～10%。如果只考虑生产产能和作用效果，即使配方设计得十分完美，但配方成本很高，也是不切合实际的。因此，在保证产品优质高效的同时，要尽量降低产品成本，以达到提高社会效益和经济效益的目的。

（3）移定性　保证预混料产品中各种活性成分的稳定性，对于集约化、规模化养殖场来说饲料的稳定性至关重要，饲料中的营养成分的骤变会给动物的正常生长发育带来极大的应激，从而影响生长性能和延长生长周期。

（4）侧重性　饲料添加剂种类繁多，要根据不同的生产目的及动物的不同生长阶段来设计饲料添加剂的配方。例如蛋鸡饲料的侧重点就是要有较高的产蛋率和蛋重，仔猪饲料添加剂的侧重点就是防下痢和腹泻。

（5）适量性　设计饲料添加剂预混料配方的时候，使用剂量要严格遵照有关的说明，如果某种添加剂使用过量，不仅是造成浪费，还可能产生不良效果，甚至造成中毒导致死亡；而剂量过低，就可能没有显著效果。

（6）配伍性　一般情况下，每一种饲料品种都同时应用多种具有不同作用效果的饲料添加剂，有时为了加强某种作用效果，也会同时用两种或者两种以上有相同作用效果的同类饲料舔加剂。在设计这种类型地饲料添加剂预混料配方时，应考虑添加剂相互之间的可配伍性，注意同时应用的饲料添加剂之间不能有拮抗作用和无关作用，并尽可能减少添加剂相互之间的干扰作用或者影响。例如使用着色剂添加剂时，应适当降低维生素 A 以及钙的比例。

（7）灵活性　预混料配方应根据动物的营养需求、阶段的变化、季节的变化、品种的不同、地区的不同、最新技术及产品信息，调整或者设计不同的配方，使预混料配方贴近生产实际，千万不要完全照搬他人的设计方案。

（8）安全性　饲料添加剂的安全性有两方面的含义，一是具有明显毒副作用的饲料添加剂和被禁用的添加剂要禁止使用，以保证饲养动物的安全性；二是要保证生产人员的安全，大多数的高浓度活性成分都能侵害呼吸道、口腔、眼睛和皮肤，所以，预混料生产场所必须具备安全卫生设施以保证生产人员的安全。

(9) 创新性 随着现代动物营养学、生物工程等技术迅速发展与应用，一些新型饲料添加剂陆续推陈出新，因此，饲料添加剂配方设计也要具有创新的设计思想。例如为了满足现代肉食产品健康安全的食用性，在饲料添加剂中的使用中草药代替化合性药物，并开发蜂花粉在动物饲料中的添加，进而生产出健康安全的肉食产品。

(三) 添加剂预混料配制与加工程序

(1) 饲料添加剂品种的选择及确定 饲料添加剂品种很多，随着科学技术的发展和人们生活水平的提高，畜牧业生产过程中对饲料品质的要求日益严格，一些传统的饲料添加剂副作用大等原因逐渐被淘汰或者禁用，相应出现了一些新型的饲料添加剂。此外，在允许使用的范围内要明确使用饲料添加剂预混料的目的。饲料添加剂预混料除了要全面、合理满足多种作用要求外，一般还应根据实际情况，有一定的侧重点和针对性。

(2) 确定需要量与添加量 饲料添加剂的使用剂量是指添加剂在饲料中使用的数量。一般可分为以下几种：无效量，即没有明显作用效果的使用剂量；常用量，即最低有效量，能发挥正常作用和满足动物正常需要的剂量；极量，即最高允许量，相当于常用量的最高限用量；中毒量，应用时可产生急性或者慢性中毒；致死量，应用时可导致动物死亡。

对于维生素类添加剂，我国农业部对维生素的饲养标准是在 20 世纪 80 年代制定的，目前，种类和数据较齐全的是美国科学院 NRC（全国研究理事会）标准。维生素的添加量要考虑饲料品种、动物健康情况、饲养环境、配方成本、贮存时间等多种因素的影响，灵活科学的使用，尽可能地满足动物的生长发育及生产的最大需求量。

需要注意的是，维生素多数稳定性不高，在饲料的加工和贮存过程中，容易造成损失和效价降低。为了保证动物能够摄食到足够的维生素需要量，一般应适当超量使用，也即是维生素添加保险系数。由于不同的维生素的稳定性不同，其保险系数也不尽一样。

对于微量元素添加剂，微量元素是动物机体所必需的，但添加量过大不仅造成原料的浪费，而且可能会使动物中毒甚至死亡，因此动物对每种微量元素添加量都有一定的范围，即在最低需要量和最大耐受量之间。

（3）科学配伍　饲料添加剂大多数需要两种或者两种以上一起预混稀释。如果两种饲料添加剂一起混合影响各自的分析回收率，则这两种饲料添加剂有配伍禁忌，不能同时使用；如果两种饲料添加剂一起混合不影响各自的分析回收率，则这两种饲料添加剂有可配伍性，可同时使用。如果两种添加剂一起使用，相互之间存在着拮抗作用，其作用效果减弱或者消失，则这两种饲料添加剂存在着配伍禁忌；相反，如果两种饲料添加剂一起使用，其作用效果不受影响甚至可提高作用效果，即协同作用，可配伍使用。

（4）配料　要在固定的配料室内进行配料，并且由专人负责；称取不同品种的添加剂时要用各自的器具，以免相互污染；取样后应盖好或者扎紧装样品的器具，防止吸湿氧化；保证配料室内干净卫生。

（5）混合　混合技术是添加剂预混料制造工艺中最为重要的环节之一，是确保添加剂预混料质量的关键所在。首先要注意混合机的选择：目前国内外有很多种用于饲料混合的机器，基本上是立式螺旋混合机、卧式混合机、转鼓式混合机等。每种混合机都有各自的优点，选择时应参考混合对象的特点、机器的性能及价格等因素。其次，物料的添加顺序：一般情况下都是先将载体加入到混合机内，再加油脂，混合 2 分钟后，马上加入各种饲料添加剂，再混合 10～15 分钟，或者先加载体后马上加各种饲料添加剂，混合 3 分钟后再加入油脂。这样能防止油脂与微量活性成分直接接触产生小油团，影响混合质量。

（6）包装与贮藏　包装工作人员要认真负责，首先要保证工作区干净卫生，包装计量准确，包装后及时贴上标签，并准确填写名称、编号、编码、生产日期、生产批号、重量以及有效日期等。贮藏的温度不宜超过 30℃，相对湿度不宜超过 70%，要避光及通风处保存。

第四章
猪饲料配方及其加工

第一节 配合饲料的加工工艺

我国的饲料资源非常丰富。因地制宜，广辟饲料来源，根据当地的实际情况，选用来源广、产量大、通过加工处理后能提高其营养价值的适合于猪饲料的原料，自行配制加工。这样不但扩大了饲料来源，而且是降低饲料成本的关键一环。目前养猪业基本采用了配合饲料，而且逐步用颗粒代替粉末饲料，我国已研制出一批较适用的配合饲料机械设备，如磁选机、饲料粉碎机、混合搅拌机、颗粒机、成品打包机等。

配合饲料的加工工艺流程主要分以下步骤。

第一步，原料准备及检查。各种原料在加工前应准备齐全，并认真清除杂物，检查是否霉烂，需粉碎的要粉碎。需粉碎的原料必须是干燥的，这样利于粉碎，而且粉碎出的原料粒度均匀，有利于混合搅拌均匀。第二步，混合搅拌。将粉碎好的精料、副料和添加物等，按照饲料配方的比例，称量混合搅拌均匀，即为粉状配合饲料。第三步，颗粒成型。将混合拌匀的粉状饲料，通过输送带输送到颗粒机中，再由输送带推送到压模处压成颗粒，晒干或者烘干即为颗粒饲料。现介绍三种配合饲料生产加工工艺。

一、小规模养猪场（户）的饲料加工工艺

原料→清理（杂物、晒干）→粉碎→混合→搅拌→成品

首先在加工前将所用配方中的原料备齐，认真清理杂物，干燥后粉碎。粉碎是饲料加工中重要的一步，粉碎工序主要是将粒状原料如玉米、大麦、大米、高粱、豆粕等加工成粉状，这样既便于均匀混合，又可提高饲料的适口性，更重要的是利于猪的消化吸收，提高饲料的利用率。一般粉碎的颗粒细度：哺乳期和断奶后仔猪料应在1毫米以下（0.80~0.95毫米）；肥育期应为1毫米。粉碎后的原料的混合，应从配方中最少量逐步扩大。如添加物之类小剂量成分，放于盆中加入10倍的能量饲料（玉米等）后用手搓均匀，再加同样体积的能量饲料混合均匀，依比例逐步扩大，直至把配方中所有原料混合进去后，再进行倒翻。此方法仅供个体小型养猪户使用。

二、先粉碎后混合的饲料加工工艺

原料→清理（磁选）→粉碎→配料→混合→压制颗粒→保险筛→成品包装

先粉碎再混合的生产工艺流程一般每小时可生产配合饲料15~20吨。这种工艺全部是机械化操作，电脑控制。其特点如下：

第一，原料可分品种进行粉碎，充分利用粉碎机。粉碎颗粒细度可按不同生产阶段的需要进行加工，可提高生产效率，改善饲料质量。

第二，称量配料。按配料程序自动控制，经喂料机逐一称量，

累积计量，当总重量达到定额时，秤斗出口自动打开放料。可以保证配比的准确性，还有利于原料的清仓核算。

第三，分批混合。可以使每批一定数量的饲料按科学配方，包括各种微量成分如矿质元素、维生素、氨基酸、防腐剂、着色剂、抗氧化剂等，都按工序进行预混合。批次之间基本没有互混问题，每批混合时间可按要求选定，均匀度可达十万分之一。

第四，需要配料仓多。由于各种原料品种分别粉碎，并按各种原料的颗粒度要求进行调制，这就需要各种粉碎料和副料分别贮存于配料仓中，供配料选用，因此配料仓的需要就多。建议配料仓的容量不宜过大，配料存放时间不宜过长，以免产生结块。一般配料仓容量可供 8 小时以内配料生产用为好。

第五，需要粉碎机数量多。由于各品种原料分别进行粉碎，就需要配备多台粉碎机，才能保证配料正常运行。否则，频繁地更换粉碎原料的品种，不但浪费一定的间歇时间，有时还会造成断料。解决这些问题需多备粉碎机。

第六，利于自动控制。这种生产工艺采用电脑控制，配料称重各品种自动切换，分别称重，累积计量，称量达到额定数量时秤斗自动开门；物料自动放入搅拌机，达到搅拌时间，自控开门放料。配料仓中的各种原料都由电脑控制，有停电记忆功能并可随机按生产要求更改配方。每天可打印出生产报告、库存核算等资料。这种生产工艺适用于生产规模较大、配比要求高、配合原料品种多、配方多变的大中型配合饲料厂。

三、先配合后粉碎的饲料加工工艺

原料→配料→筛选整理→混合→粉碎→制粒→保险筛→成品

先配合后粉碎的生产工艺，是先将各种原料、副料按配方比例需求进行配合，然后按样品颗粒细度要求进行混合粉碎，再加入各种添加剂，送入搅拌机混合均匀。这种生产工艺有以下特点：

第一，利于生产颗粒料。主料和副料都可以经过粉碎机粉碎，可获得颗粒细度一致的粉料。混合后可直接压制成颗粒料。

第二，这种生产工艺与先粉碎后配合生产工艺相比，可以节省配料仓的数量和容量。

第三，生产工艺连续性能高，配料、搅拌、粉碎 3 台作业机配套性能好，3 个批次料在工艺流程中同时作业。如果某个环节出故障，则整个生产要停止，从而影响生产的正常进行。

第四，配合后如设有筛选整理设备，可以将不需粉碎的粉状副料筛出，直接送到搅拌机混合，减轻粉碎机的工作量。这种生产工艺，适合小型饲料加工厂或者车间采用。

第二节 猪常用饲料成分和营养价值表

饲料的种类很多，产地不同的饲料，其营养成分各不相同。现将猪常用饲料中的几种营养成分列表作简要介绍，供配制饲料时参考。

表 4-1 表猪饲料成分及营养价值

营养成分	大豆饼	大豆粕	棉籽饼	菜籽饼	花生仁饼	向日葵籽饼
干物质(%)	87.0	87.0	88.0	88.0	88.0	88.0
粗蛋白质(%)	41.6	43.0	32.3	37.4	44.7	32.0
粗脂肪(%)	5.7	1.9	6.1	8.9	5.9	3.3
粗纤维(%)	4.7	5.1	11.1	10.1	7.2	16.4
消化能（兆焦/千克）	13.43	13.22	11.55	11.59	14.14	10.33
钙 (%)	0.32	0.32	0.31	0.60	0.25	0.27
磷 (%)	0.50	0.62	0.64	0.94	0.58	0.79
植酸磷(%)	0.25	0.30	0.40	0.62	0.22	—
铜(毫克/千克)	20.0	23.8	18.3	8.5	21.7	41.5
铁(毫克/千克)	189.0	183.0	235.0	218.0	900.0	614.0
锌(毫克/千克)	43.9	45.9	65.0	68.0	49.9	62.1
锰(毫克/千克)	32.4	27.7	16.8	60.1	29.0	41.5
硒(毫克/千克)	0.04	＜0.06	＜0.08	＜0.07	0.06	0.09
苏氨酸(%)	1.43	1.50	1.30	1.46	0.99	0.87
缬氨酸(%)	1.68	1.70	1.68	1.40	1.23	1.25
蛋氨酸(%)	0.37	0.43	0.47	0.64	0.26	0.57
胱氨酸(%)	0.25	0.25	1.17	0.78	0.72	0.36
异亮氨酸(%)	1.55	1.61	1.13	1.29	1.12	1.15
亮氨酸(%)	2.72	2.83	2.27	2.35	2.26	1.72
苯丙氨酸(%)	1.77	1.88	1.95	1.43	1.73	1.15
赖氨酸(%)	2.49	2.47	1.15	1.18	1.24	0.75
组氨酸(%)	1.09	1.19	0.96	0.89	0.80	0.62
精氨酸(%)	2.50	2.66	2.87	1.91	4.41	1.93
色氨酸(%)	0.64	0.55	0.35	0.43	0.94	0.20

续表

营养成分	亚麻饼	芝麻饼	玉米 胚芽饼	鱼粉 (国产)	鱼粉 (进口)	肉骨粉	蚯蚓
干物质(%)	88.0	92.2	90.0	90.1	90.0	90.0	88.6
粗蛋白质(%)	32.2	39.4	16.8	53.6	65.0	53.8	52.2
粗脂肪(%)	7.8	5.1	8.7	10.3	10.0	8.1	10.2
粗纤维(%)	7.8	10.0	5.7	—	—	—	—
消化能 (兆焦/千克)	12.13	12.51	13.47	11.42	13.18	14.72	13.89
钙 (%)	0.45	0.72	0.40	4.64	5.96	5.54	0.41
磷 (%)	0.83	1.23	1.48	2.13	3.24	3.01	0.60
植酸磷(%)	0.53	0.88	—	—	—	—	—
铜(毫克/千克)	26.4	28.5	4.4	8.0	9.6	1.5	49.0
铁(毫克/千克)	200.0	1100.0	330.0	292.0	181.0	500.0	—
锌(毫克/千克)	134.0	88.0	100.0	88.0	98.9	—	7.1
锰(毫克/千克)	39.4	123.0	3.7	9.7	9.2	12.3	55.6
硒(毫克/千克)	—	0.14	—	1.94	2.7	—	—
苏氨酸(%)	1.08	1.29	0.62	2.41	2.86	1.94	2.18
缬氨酸(%)	1.58	1.84	0.83	2.94	3.46	2.05	2.15
蛋氨酸(%)	0.55	0.82	0.23	1.40	2.00	0.62	0.37
胱氨酸(%)	0.57	0.36	0.60	0.50	0.56	—	—
异亮氨酸(%)	1.58	1.42	0.49	2.31	2.92	1.30	2.01
亮氨酸(%)	1.82	2.52	1.20	3.97	4.95	3.12	3.57
苯丙氨酸(%)	1.33	1.68	0.57	2.37	2.68	1.49	1.69
赖氨酸(%)	1.11	0.82	0.69	3.90	5.28	1.96	3.00
组氨酸(%)	0.62	0.81	0.45	1.29	1.71	0.71	0.96
精氨酸(%)	2.67	2.38	1.12	3.24	4.00	4.43	2.96
色氨酸(%)	0.48	0.40	0.16	0.60	0.71	—	—

注：我国西北、内蒙古一带，称油用亚麻为胡麻。

续表

营养成分	蚕蛹粉	虾 粉	血 粉	酵母粉	全脂奶粉	脱脂奶粉
干物质(%)	90.0	86.4	88.9	91.7	90.0	92.0
粗蛋白质(%)	53.6	43.7	84.7	52.4	26.4	34.9
粗脂肪(%)	25.1	1.3	0.4	—	30.6	0.4
消化能（兆焦/千克）	20.41	9.49	11.88	12.21	22.50	13.76
钙 (%)	0.25	3.06	0.04	0.45	1.62	1.50
磷 (%)	0.60	0.15	0.22	1.48	0.66	0.94
铜(毫克/千克)	19.1	—	8.0	61.0	0.9	1.6
铁(毫克/千克)	621.0	—	2800.0	902.0	90.0	100.0
锌(毫克/千克)	190.0	—	14.0	86.7	—	54.0
锰(毫克/千克)	8.0	—	2.3	22.3	0.5	1.0
硒(毫克/千克)	—	—	—	—	—	—
苏氨酸(%)	2.41	1.37	3.51	2.18	1.60	1.75
缬氨酸(%)	2.97	1.37	7.64	2.54	2.80	2.38
蛋氨酸(%)	2.21	1.43	0.68	0.85	0.70	0.98
胱氨酸(%)	1.36	—	1.69	0.56	0.38	0.42
异亮氨酸(%)	2.37	1.27	0.88	2.19	2.70	2.10
亮氨酸(%)	3.78	2.15	11.96	3.33	3.40	3.30
苯丙氨酸(%)	2.27	1.31	6.05	1.96	1.50	1.58
赖氨酸(%)	3.66	1.94	7.79	3.57	2.40	2.60
组氨酸(%)	1.29	0.58	6.01	1.06	0.90	0.84
精氨酸(%)	2.86	2.16	4.13	3.12	1.10	1.10
色氨酸(%)	—	—	1.43	0.48	0.50	0.45

续表

营养成分	蚕 豆	大 豆	黑 豆	绿 豆	豌 豆	豇 豆	醋 渣
干物质(%)	88.0	88.0	88.0	88.0	88.0	88.0	25.0
粗蛋白质(%)	24.9	37.0	36.1	21.6	22.6	22.6	2.4
粗脂肪(%)	1.4	16.2	14.5	0.9	1.5	2.0	1.2
粗纤维(%)	7.5	5.1	6.7	4.5	5.9	4.1	5.3
消化能（兆焦/千克）	12.88	16.56	16.19	14.30	13.47	14.30	2.42
钙 (%)	0.15	0.27	0.22	0.13	0.12	0.04	0.06
磷 (%)	0.42	0.52	0.55	0.41	0.34	0.43	0.03
植酸磷(%)	0.12	0.18	0.17	0.12	0.12	0.21	—
铜(毫克/千克)	100.0	12.0	15.0	—	10.0	4.4	—
铁(毫克/千克)	75.0	140.0	250.0	—	65.0	210.0	—
锌(毫克/千克)	35.0	50.0	20.0	—	18.0	—	—
锰(毫克/千克)	15.3	23.0	27.0	—	17.0	40.1	—
硒(毫克/千克)	0.07	0.08	<0.06	—	<0.05	—	—
苏氨酸(%)	0.86	1.44	0.89	0.78	0.99	0.78	0.08
缬氨酸(%)	1.14	1.58	1.69	1.11	0.85	1.14	0.13
蛋氨酸(%)	0.13	—	0.36	0.24	0.08	0.24	0.05
胱氨酸(%)	—	—	—	—	0.34	0.17	0.01
异亮氨酸(%)	0.95	1.55	1.39	0.78	0.87	0:97	0.08
亮氨酸(%)	1.68	2.65	2.51	1.82	1.62	1.77	0.14
苯丙氨酸(%)	1.14	1.74	1.32	1.18	1.00	1.11	0.10
赖氨酸(%)	1.57	2.09	1.60	1.49	1.88	1.20	0.08
组氨酸(%)	0.62	0.84	0.51	0.63	1.25	0.72	0.05
精氨酸(%)	2.11	2.55	2.22	1.55	2.24	1.50	0.12
色氨酸(%)	0.17	—	0.50	0.21	0.15	0.18	0.02

续表

营养成分	豆腐渣	粉 渣	酱油渣	酒 糟	啤酒糟	甜菜渣	饴糖渣
干物质(%)	10.0	25.0	22.0	35.0	25.0	12.0	16.4
粗蛋白质(%)	2.8	1.9	4.8	6.1	6.9	1.2	1.4
粗脂肪(%)	1.2	0.1	3.1	1.5	1.5	0.1	1.4
粗纤维(%)	1.7	4.6	3.9	12.3	3.8	2.4	1.7
消化能(兆焦/千克)	0.87	1.21	2.71	1.79	2.67	1.12	2.17
钙 (%)	0.05	0.08	0.07	0.05	0.09	0.06	0.02
磷 (%)	0.03	0.06	0.02	0.09	0.12	0.01	0.01
苏氨酸(%)	0.13	0.06	0.27	0.26	0.18	0.04	0.06
缬氨酸(%)	0.18	0.06	0.24	0.37	0.28	0.05	0.08
蛋氨酸(%)	0.03	0.04	0.07	0.07	0.08	微	0.02
胱氨酸(%)	0.06	0.02	0.03	—	0.17	微	0.05
异亮氨酸(%)	0.14	0.05	0.19	0.29	0.22	微	0.04
亮氨酸(%)	0.25	0.09	0.45	0.95	0.40	0.01	0.16
苯丙氨酸(%)	0.16	0.06	0.27	0.35	0.27	微	0.06
赖氨酸(%)	0.19	0.08	0.14	0.15	0.18	0.05	0.04
组氨酸(%)	0.07	0.03	0.11	0.14	0.11	微	0.06
精氨酸(%)	0.22	0.08	0.24	0.25	0.30	微	0.06
色氨酸(%)	—	—	—	—	0.06	0.01	0.36

表 4-2 猪饲料成分及营养价值

营养成分	大白菜	甘薯藤	灰菜	苦荬菜	萝卜秧	马齿苋	水浮莲
水分(%)	93.0	87.0	90.0	92.4	93.0	88.0	95.5
粗蛋白质(%)	1.9	2.1	2.7	2.0	1.7	2.2	1.0
粗脂肪(%)	0.1	0.5	0.3	0.7	0.3	0.4	0.1
粗纤维(%)	1.2	2.5	1.6	0.9	0.7	2.0	0.6
消化能（兆焦/千克）	0.75	1.29	1.04	1.42	0.87	1.08	0.41
钙 (%)	0.14	0.22	0.16	0.29	0.14	0.17	0.08
磷 (%)	0.06	0.02	0.03	0.06	0.04	0.05	0.03
胡萝卜素（毫克/千克）	0.8	23.2	53.6	17.9	28.9	22.3	—
硫胺素（毫克/千克）	0.1	—	1.3	0.3	0.4	0.3	—
核黄素（毫克/千克）	0.5	—	2.9	1.8	1.2	1.1	—
烟酸（毫克/千克）	4.2	—	14.0	6.0	9.4	7.0	—
营养成分	水花生	水葫芦	苕子	苋菜	玉米苗	紫云英	胡萝卜秧
水分(%)	94.0	95.0	85.0	88.0	90.0	87.0	88.0
粗蛋白质(%)	1.1	0.8	3.2	2.6	1.9	2.9	2.2
粗脂肪(%)	0.1	0.2	0.8	0.3	0.5	0.7	0.6
粗纤维(%)	1.1	0.9	4.3	2.4	2.4	2.5	2.2
消化能（兆焦/千克）	0.54	0.41	1.63	1.04	0.75	1.29	1.00
钙 (%)	0.08	0.08	0.17	0.22	0.06	0.18	0.22
磷 (%)	0.02	0.03	0.04	0.08	0.07	0.07	0.66
胡萝卜素（毫克/千克）	—	—	—	12.4	14.5	—	18.6
硫胺素（毫克/千克）	—	—	—	0.3	—	—	—
核黄素（毫克/千克）	—	—	—	1.3	—	—	1.3
烟酸（毫克/千克）	—	—	—	6.4	—	—	9.4

续表

营养成分	甘薯	胡萝卜	萝卜	马铃薯	南瓜	西葫芦	甜菜叶
水分(%)	75.0	88.0	93.0	78.0	90.0	95.0	85.0
粗蛋白质(%)	1.0	1.1	0.9	1.6	1.0	1.0	2.0
粗脂肪(%)	0.3	0.3	0.1	0.1	0.3	0.1	0.4
粗纤维(%)	0.9	1.2	0.7	0.7	1.2	1.1	1.7
消化能（兆焦/千克）	3.84	1.84	1.00	3.26	1.50	0.62	2.05
钙 (%)	0.13	0.15	0.05	0.02	0.04	—	0.06
磷 (%)	0.05	0.09	0.03	0.03	0.02	—	0.04
胡萝卜素（毫克/千克）	3.0	26.5	0.1	0.1	9.6	0.1	3.8
硫胺素（毫克/千克）	—	—	0.1	0.9	0.5	0.1	—
核黄素（毫克/千克）	0.2	0.6	0.2	0.3	0.5	0.1	—
烟酸（毫克/千克）	2.6	5.4	2.4	3.6	2.8	2.2	—

第三节 常见的猪饲料配方

一、种公猪的饲料配方

（一）配种期的饲料配方（1～33）

种公猪配种期的饲料配方见表4-3至表4-8。

表 4-3　配种期的饲料配方（1～6）

	配方编号	1	2	3	4	5	6
饲料配合比例(%)	玉米	43.0	56.0	50.0	43.0	54.8	42.7
	大麦	28.0	23.0	10.0	35.0	13.9	—
	大米	—	—	—	—	10.0	10.0
	麸皮	7.0	5.0	17.0	5.0	7.7	12.5
	豆饼	8.0	5.0	11.0	8.0	10.0	15.0
	干草粉	6.0	—	4.5	—	—	—
	槐叶粉	—	3.0	—	8.0	—	—
	苜蓿粉	—	—	—	—	—	2.5
	鱼粉	6.0	7.0	6.0	—	3.2	15.6
	骨粉	1.5	—	1.0	—	—	—
	贝壳粉	—	0.5	—	0.5	—	—
	碳酸钙	—	—	—	—	—	1.0
	维生素添加剂	—	—	—	—	—	0.2
	食盐	0.5	0.5	0.5	0.5	0.4	0.5
营养成分	消化能(兆焦/千克)	12.68	12.76	13.10	12.72	13.14	13.60
	粗蛋白质(%)	15.4	15.1	16.5	12.7	13.9	21.9
	粗纤维(%)	5.4	3.7	4.1	4.9	3.0	3.4
	钙(%)	0.84	0.86	0.61	0.59	0.24	1.14
	磷(%)	0.68	0.47	0.58	0.47	0.40	0.78
	赖氨酸(%)	0.80	0.77	0.81	0.55	0.60	1.15
	蛋氨酸(%)	0.23	0.22	0.27	0.17	0.24	0.35
	胱氨酸(%)	0.17	0.16	0.18	0.16	0.18	0.24

配方 1～6 是玉米、豆饼、鱼粉型饲料配方。其中配方 1 用于瘦肉型种公猪，如杜洛克猪、大约克夏猪和长白猪等，每 100 千克饲料另加多种维生素 20 克。

表 4-4　配种期的饲料配方（7～12）

	配方编号	7	8	9	10	11	12
饲料配合比例（%）	玉　米	50.0	32.0	26.6	50.2	35.0	34.8
	大　麦	10.9	18.3	19.7	4.8	27.9	—
	大　米	—	—	16.6	17.9	—	—
	高　粱	13.0	25.9	17.4	—	21.0	8.9
	麸　皮	15.1	12.0	8.0	6.0	—	10.8
	酒　糟	—	—	—	—	—	14.6
	玉米青贮	—	—	—	—	—	6.5
	豆　饼	7.6	—	10.0	—	—	19.7
	大　豆	—	10.0	—	5.2	12.9	—
	向日葵饼	—	—	—	8.8	—	2.4
	鱼　粉	3.0	1.5	1.4	6.3	2.7	—
	骨　粉	—	—	—	—	—	0.9
	贝 壳 粉	—	—	—	—	—	0.9
	食　盐	0.4	0.3	0.3	0.8	0.5	0.5
营养成分	消化能（兆焦/千克）	12.26	13.39	13.31	13.51	13.81	11.3
	粗蛋白质（%）	13.3	13.0	13.3	12.9	13.9	17.8
	粗 纤 维（%）	3.7	3.9	3.6	3.9	3.6	4.05
	钙（%）	0.20	0.16	0.16	0.36	0.19	0.73
	磷（%）	0.46	0.43	0.35	0.46	0.41	0.40
	赖 氨 酸（%）	0.56	0.56	0.55	0.65	0.61	0.89
	蛋 氨 酸（%）	0.22	0.22	0.18	0.35	0.20	0.29
	胱 氨 酸（%）	0.21	0.20	0.22	0.34	0.18	0.18

配方 7～11 是玉米、豆饼或者大豆、向日葵饼、鱼粉型配方，需适当加钙。配方 12 没有鱼粉，增加了豆饼等的用量。

表4-5 配种期的饲料配方（13～17）

	配方编号	13	14	15	16	17
饲料配合比例（%）	玉米	44.0	42.0	38.0	25.0	39.4
	高粱	5.5	5.5	—	—	3.9
	麸皮	—	—	7.0	17.9	11.8
	米糠	20.0	18.0	—	35.5	—
	玉米秸粉	—	—	4.9	—	—
	玉米青贮	—	—	—	—	5.9
	酒糟	—	—	—	—	13.3
	南瓜	—	—	9.6	—	—
	胡萝卜	—	—	10.0	—	—
	蚕豆	—	—	—	5.0	—
	豆饼	—	—	9.1	—	—
	豆粕	20.0	22.0	—	—	19.6
	花生饼	5.0	5.0	—	—	—
	菜籽饼	—	—	—	10.0	—
	向日葵饼	3.0	5.0	—	—	3.9
	鱼粉	—	—	—	1.0	—
	蚕蛹粉	—	—	—	4.0	—
	牛奶	—	—	20.0	—	—
	骨粉	1.0	1.0	0.7	—	0.8
	贝壳粉	1.0	1.0	—	1.0	0.8
	食盐	0.5	0.5	0.7	0.6	0.6
营养成分	消化能（兆焦/千克）	13.01	12.97	10.70	11.51	12.05
	粗蛋白质（%）	17.9	19.1	14.7	15.6	18.9
	粗纤维（%）	3.0	3.6	2.5	5.6	4.7
	钙（%）	0.74	0.75	0.80	0.78	0.71
	磷（%）	0.62	0.62	0.32	0.65	0.58
	赖氨酸（%）	0.81	0.88	0.77	0.68	1.01
	蛋氨酸（%）	0.28	0.28	0.27	0.36	
	胱氨酸（%）	0.31	0.33	0.17	0.24	+0.95

表 4-6　配种期的饲料配方（18～22）

	配方编号	18	19	20	21	22
饲料配合比例（%）	玉　米	20.0	15.0	10.0	—	—
	碎　米	40.0	45.0	50.0	55.0	55.0
	稻　谷	5.0	6.0	5.0	8.0	10.0
	菜籽粕	7.0	6.0	6.0	6.0	6.0
	肉骨粉	10.0	8.0	7.0	12.0	5.0
	蚕蛹粉	5.0	6.0	7.0	5.0	10.0
	细米糠	10.0	10.0	10.0	10.0	10.0
	青饲料	1.5	2.5	3.5	2.5	2.5
	骨　粉	0.7	0.7	0.7	0.7	0.7
	食　盐	0.3	0.3	0.3	0.3	0.3
	添加剂	0.5	0.5	0.5	0.5	0.5
营养成分	消化能（兆焦/千克）	13.52	13.40	13.31	12.84	13.48
	粗蛋白质（%）	17.5	16.7	16.6	17.9	17.1
	粗纤维（%）	2.5	2.4	2.3	2.4	2.6
	钙（%）	0.85	0.84	0.69	0.96	0.59
	磷（%）	0.82	0.76	0.70	0.80	0.65
	赖氨酸（%）	0.72	0.68	0.68	0.77	0.70
	蛋氨酸（%）	0.29	0.28	0.29	0.29	0.30
	胱氨酸（%）	0.22	0.21	0.21	0.22	0.22

配方 18～22 采用肉骨粉和蚕蛹粉代替鱼粉，适合南方地区蚕蛹较多的地方应用。北方地区缺少蚕蛹粉，可把蚕蛹粉全部换成肉骨粉。

表 4-7　配种期的饲料配方（23～28）

	配方编号	23	24	25	26	27	28
饲料配合比例（%）	玉米	50.0	56.0	54.0	58.0	65.0	66.0
	碎米	10.0	8.0	10.0	8.0	5.0	—
	菜籽粕	5.0	5.0	6.0	7.0	6.0	5.0
	豆粕	15.0	13.0	12.0	11.0	10.0	14.0
	肠衣粉	7.0	8.0	8.0	6.0	8.0	5.0
	细米糠	6.0	3.0	3.0	3.0	—	3.0
	青饲料	2.7	2.7	2.7	2.7	2.7	2.7
	骨粉	3.0	3.0	3.0	3.0	2.0	3.0
	添加剂	1.0	1.0	1.0	1.0	1.0	1.0
	食盐	0.3	0.3	0.3	0.3	0.3	0.3
营养成分	消化能（兆焦/千克）	12.97	13.01	12.70	12.97	13.25	13.15
	粗蛋白质（%）	19.3	19.1	18.8	17.7	18.5	17.3
	粗纤维（%）	2.7	2.5	2.5	2.7	2.5	2.9
	钙（%）	1.01	1.01	1.02	1.01	0.72	1.00
	磷（%）	0.74	0.72	0.71	0.71	0.60	0.70
	赖氨酸（%）	0.86	0.83	0.81	0.75	0.76	0.72
	蛋氨酸（%）	0.25	0.24	0.24	0.23	0.23	0.23
	胱氨酸（%）	0.37	0.40	0.40	0.35	0.40	0.32

配方 23～28 中采用肠衣粉代替鱼粉，各地鸡屠宰厂经处理后的肠衣粉均可利用，其蛋白质含量高达 65% 以上，是很好的蛋白质资源。

表 4-8　配种期的饲料配方（29 ~ 33）

	配方编号	29	30	31	32	33
饲料配合比例(%)	玉　米	65.0	40.0	30.0	18.0	—
	麸　皮	12.0	5.0	—	—	—
	碎　米	—	25.0	35.0	50.0	65.0
	豆　粕	10.0	12.0	13.0	10.0	12.0
	粉浆蛋白粉	8.0	8.0	6.0	8.0	8.0
	细米糠	—	5.0	11.0	9.0	10.0
	青饲料	1.7	1.7	1.7	1.7	1.7
	添加剂	1.0	1.0	1.0	1.0	1.0
	骨　粉	2.0	2.0	2.0	2.0	2.0
	食　盐	0.3	0.3	0.3	0.3	0.3
营养成分	消化能(兆焦/千克)	13.30	13.14	13.13	13.16	12.67
	粗蛋白质(%)	16.9	16.9	15.4	15.9	16.4
	粗纤维(%)	2.7	2.3	1.9	1.9	1.7
	钙(%)	0.66	0.67	0.66	0.67	0.69
	磷(%)	0.60	0.60	0.55	0.57	0.56
	赖氨酸(%)	0.84	0.88	0.77	0.84	0.89
	蛋氨酸(%)	0.18	0.18	0.18	0.18	0.18
	胱氨酸(%)	0.23	0.22	0.19	0.22	0.22

配方 29 ~ 33 中，采用了粉浆蛋白粉。它是粉丝厂开发出的植物性蛋白质资源，不仅蛋白质含量高（65% 以上），而且含赖氨酸较高（4% ~5%），是喂猪的良好蛋白质饲料。

（二）非配种期的饲料配方（1～10）

种公猪非配种期的饲料配方见表4-9。

表4-9　非配种期的饲料配方（6～10）

	配方编号	6	7	8	9	10
饲料配合比例(%)	玉米	25.0	20.0	15.0	10.0	—
	碎米	30.0	35.0	40.0	45.0	56.0
	稻谷	10.0	10.0	10.0	10.0	10.0
	菜籽粕	6.0	5.0	7.0	6.0	5.0
	肉骨粉	6.0	7.0	5.0	8.0	6.0
	蚕蛹粉	5.0	4.0	6.0	2.0	4.0
	细米糠	10.0	10.0	10.0	10.0	10.0
	青饲料	6.0	7.0	5.0	7.0	7.0
	骨粉	1.0	1.0	1.0	1.0	1.0
	添加剂	0.6	0.6	0.6	0.6	0.6
	食盐	0.4	0.4	0.4	0.4	0.4
营养成分	消化能(兆焦/千克)	12.76	12.53	12.86	11.28	11.90
	粗蛋白质(%)	15.0	14.6	15.3	14.4	13.9
	粗纤维(%)	2.8	2.7	2.8	2.7	2.5
	钙(%)	0.71	0.76	0.67	0.82	0.72
	磷(%)	0.65	0.67	0.64	0.70	0.64
	赖氨酸(%)	0.60	0.60	0.61	0.60	0.59
	蛋氨酸(%)	0.25	0.24	0.26	0.23	0.24
	胱氨酸(%)	0.20	0.19	0.21	0.20	0.20

配方6～10采用肉骨粉和蚕蛹粉代替鱼粉。

二、母猪的饲料配方

（一）哺乳期的饲料配方（1～43）

母猪哺乳期的饲料配方见表4-10至表4-17。

表4-10 哺乳期的饲料配方（1～6）

	配方编号	1	2	3	4	5	6
饲料配合比例（%）	玉米	30.0	9.0	20.0	30.2	35.0	37.0
	大麦	25.0	25.0	25.0	30.2	35.0	32.0
	小麦	2.5	15.0	—	—	—	—
	次粉	10.0	10.0	—	—	—	—
	稻谷粉	—	10.0	—	—	—	—
	麸皮	8.0	10.0	10.0	10.4	12.0	4.0
	米糠	2.5	10.0	22.0	—	—	—
	甘薯藤	—	—	—	1.2	—	7.0
	水花生	—	—	—	12.6	—	7.0
	豆粕	—	—	6.0	1.8	2.0	5.0
	棉籽饼	18.0	10.0	12.0	6.8	8.0	—
	鱼粉	—	—	—	5.1	6.0	6.5
	血粉	2.0	—	1.0	—	—	—
	肉骨粉	—	—	1.0	—	—	—
	钙粉	0.5	0.5	2.0	—	—	—
	骨粉	1.0	—	0.5	1.3	1.5	1.0
	食盐	0.5	0.5	0.5	0.4	0.5	0.5
营养成分	消化能(兆焦/千克)	12.30	12.51	12.84	10.92	12.80	12.43
	粗蛋白质(%)	17.5	16.2	16.2	13.8	15.8	15.7
	粗纤维(%)	6.1	7.2	6.9	4.5	5.3	5.2
	钙(%)	0.83	0.99	0.95	0.75	0.78	0.71
	磷(%)	0.61	0.74	0.74	0.67	0.75	0.66
	赖氨酸(%)	0.75	0.70	0.68	0.68	0.67	0.77
	蛋氨酸(%)	0.23	0.25	0.34	0.23	0.26	+0.31
	胱氨酸(%)	0.23	0.20	0.18	0.17	0.19	

配方1中的棉籽饼为无腺体棉籽饼。配方4用于太湖猪，经试用，母猪60天泌乳量为485千克，仔猪断奶窝重233千克以上。配

方6是用华北地区常见的饲料按猪的饲养标准配制的。用长白猪配北京黑猪杂交母猪试验，哺乳期减重17千克。

表4-11 哺乳期的饲料配方（7～12）

	配方编号	7	8	9	10	11	12
饲料配合比例(%)	玉米	38.0	40.0	39.0	50.0	33.0	65.0
	大麦	15.0	10.0	33.0	12.0	10.0	—
	高粱	—	—	—	—	13.0	4.0
	麸皮	20.0	17.0	4.0	10.0	20.0	10.0
	槐叶粉	—	—	6.0	—	5.5	—
	草粉	2.0	14.5	—	10.0	—	—
	大豆面	5.0	—	—	—	—	—
	豆饼	—	10.0	10.0	10.5	13.0	12.0
	菜籽饼	—	—	—	—	—	8.0
	向日葵饼	10.0	—	—	—	—	—
	鱼粉	8.0	7.0	6.0	6.0	2.0	—
	多维素	—	—	0.3	—	—	—
	钙粉	—	—	—	—	1.0	—
	贝壳粉	—	0.5	0.6	—	—	—
	骨粉	1.5	0.5	0.6	1.0	2.0	0.5
	食盐	0.5	0.5	0.5	0.5	0.5	0.5
营养成分	消化能(兆焦/千克)	12.84	11.51	12.72	12.26	12.55	13.47
	粗蛋白质(%)	18.0	15.5	16.4	15.5	15.3	15.2
	粗纤维(%)	5.5	7.0	3.8	6.5	4.6	3.8
	钙(%)	0.88	0.61	0.83	0.68	0.87	0.27
	磷(%)	0.82	0.58	0.62	0.51	0.73	0.47
	赖氨酸(%)	0.91	0.81	0.86	0.80	0.75	0.64
	蛋氨酸(%)	0.44	0.25	0.23	0.48	0.29	
	胱氨酸(%)	0.24	0.13	0.18	0.16	0.18	+0.65

配方9用于长白猪配北京黑猪杂交母猪，干湿喂，不限量。配方10每吨饲料中另加硫酸铜100克、硫酸锌200克、硫酸亚铁200克。配方11每100千克饲料中加硫酸锌50克、碘化钾0.2克、纯土霉素0.2克、多种维生素13克。

表 4-12 哺乳期的饲料配方（13-18）

配方编号		1	2	3	4	5	6
饲料配合比例（%）	玉米	30.0	9.0	20.0	30.2	35.0	37.0
	大麦	25.0	25.0	25.0	30.2	35.0	32.0
	小麦	2.5	15.0	—	—	—	—
	次粉	10.0	10.0	—	—	—	—
	稻谷粉	—	10.0	—	—	—	—
	麸皮	8.0	10.0	10.0	10.4	12.0	4.0
	米糠	2.5	10.0	22.0	—	—	—
	甘薯藤	—	—	—	1.2	—	7.0
	水花生	—	—	—	12.6	—	7.0
	豆粕	—	—	6.0	1.8	2.0	5.0
	棉籽饼	18.0	10.0	12.0	6.8	8.0	—
	鱼粉	—	—	—	5.1	6.0	6.5
	血粉	2.0	—	1.0	—	—	—
	肉骨粉	—	—	1.0	—	—	—
	钙粉	0.5	0.5	2.0	—	—	—
	骨粉	1.0	—	0.5	1.3	1.5	1.0
	食盐	0.5	0.5	0.5	0.4	0.5	0.5
营养成分	消化能（兆焦/千克）	12.30	12.51	12.84	10.92	12.80	12.43
	粗蛋白质（%）	17.5	16.2	16.2	13.8	15.8	15.7
	粗纤维（%）	6.1	7.2	6.9	4.5	5.3	5.2
	钙（%）	0.83	0.99	0.95	0.75	0.78	0.71
	磷（%）	0.61	0.74	0.74	0.67	0.75	0.66
	赖氨酸（%）	0.75	0.70	0.68	0.68	0.67	0.77
	蛋氨酸（%）	0.23	0.25	0.34	0.23	0.26	+0.31
	胱氨酸（%）	0.23	0.20	0.18	0.17	0.19	

配方 13 适用于华南型小花猪。配方 15 另加微量元素添加剂和维生素添加剂各 0.1%。配方 18 每日饲喂时另加秋干草粉 0.4～0.5 千克，甘薯秧青贮 2.5～3 千克；试验用经产母猪，泌乳期 42 天，仔猪断奶时窝重为 140 千克左右。

表 4-13　哺乳期的饲料配方（19-24）

	配方编号	19	20	21	22	23	24
饲料配合比例(%)	玉米	37.5	38.0	40.0	38.0	65.0	30.2
	大麦	—	—	—	36.0	—	30.2
	碎米	5.0	15.0	12.0	—	—	—
	高粱	15.0	—	—	5.0	—	—
	麸皮	6.0	15.0	10.0	5.0	29.0	10.4
	米糠	10.0	9.0	10.0	—	—	—
	酱油渣	5.0	5.0	5.0	—	—	—
	苜蓿粉	5.0	1.5	1.5	—	—	—
	甘薯藤	—	—	—	—	—	1.2
	水花生	—	—	—	—	—	12.6
	豆饼	11.0	12.0	17.0	12.0	—	—
	豆粕	—	—	—	—	4.3	1.8
	秣食豆饼	—	—	—	—	0.8	—
	棉籽饼	—	—	—	—	—	6.8
	鱼粉	4.0	4.0	3.0	2.0	—	5.1
	活性炭	1.0	—	1.0	—	—	—
	骨粉	—	—	—	1.1	—	1.3
	贝壳粉	—	—	—	0.4	0.5	—
	食盐	0.5	0.5	0.5	0.5	0.4	0.4
营养成分	消化能(兆焦/千克)	11.51	12.18	12.18	12.95	14.01	10.92
	粗蛋白质(%)	16.3	15.3	16.2	15.60	11.7	13.8
	粗纤维(%)	4.0	3.7	3.6	4.5	4.3	5.2
	钙(%)	0.31	0.29	0.25	0.55	1.91	0.75
	磷(%)	0.52	0.53	0.50	0.54	0.47	0.67
	赖氨酸(%)	0.80	0.75	0.79	0.65	0.45	0.68
	蛋氨酸(%)	0.25	0.28	0.26	0.18	0.23	+0.58
	胱氨酸(%)	0.15	0.20	0.20	0.30	0.15	

配方 19 每 100 千克饲料中加碳酸钙 0.5 千克、磷酸钙 0.5 千克。配方 20 每 100 千克饲料中加碳酸钙 1 千克、磷酸钙 0.5 千克。配方 21 每 100 千克饲料中加维生素和微量元素添加剂各 0.5 千克。配方 22 每日饲喂另加秋干草粉 0.7～0.9 千克，甘薯秧青贮 1.5～4.5 千

克；试验用初产母猪，泌乳期42天，仔猪断奶时窝重为115千克左右。配方22、配方23用于吉林白猪。配方24用于太湖猪（枫泾猪）。

表4-14　哺乳期的饲料配方（25～30）

	配方编号	25	26	27	28	29	30
饲料配合比例(%)	玉米	61.0	46.0	45.5	50.5	35.0	38.0
	大麦	—	—	—	—	35.0	—
	麸皮	7.0	10.0	—	—	12.0	10.0
	高粱糠	—	8.0	8.0	8.0	—	25.0
	苜蓿粉	—	—	—	10.0	—	—
	绿萍粉	—	—	10.0	10.0	—	—
	玉米秸粉	—	10.0	10.0	—	—	—
	干草粉	2.5	—	—	—	—	—
	豆饼	25.0	25.0	25.0	20.0	2.5	25.0
	秣食豆	2.5	—	—	—	—	—
	棉籽粕	—	—	—	—	8.0	—
	鱼粉	—	—	—	—	6.0	—
	骨粉	—	—	—	—	1.5	1.4
	贝壳粉	—	1.0	1.5	1.5	—	—
	石粉	2.0	—	—	—	—	—
	食盐	—	—	—	—	—	0.6
营养成分	消化能(兆焦/千克)	13.14	14.43	13.39	14.56	12.80	12.80
	粗蛋白质(%)	17.2	14.3	14.0	17.0	15.9	17.3
	粗纤维(%)	3.7	5.9	6.0	3.2	4.2	4.6
	钙(%)	0.82	0.50	0.60	0.60	1.21	0.65
	磷(%)	0.34	0.30	0.40	0.40	0.83	0.45
	赖氨酸(%)	0.88	0.80	0.72	0.70	0.67	0.88
	蛋氨酸(%)	0.17	0.20	0.15	0.17	0.26	+0.64
	胱氨酸(%)	0.20	0.20	0.19	0.16	0.19	

配方25～29需另加食盐，其中配方25磷偏低。配方30另加青饲料2.94千克，粗蛋白质含量较高。

表4-15 哺乳期的饲料配方（31~36）

	配方编号	31	32	33	34	35	36
饲料配合比例（%）	玉米	38.0	45.0	47.0	60.0	57.5	46.0
	高粱	—	23.0	4.0	—	—	—
	麸皮	10.0	14.0	11.2	7.0	—	17.6
	高粱糠	25.0	—	—	—	—	—
	酒糟	—	—	13.5	—	—	15.6
	秣食豆干草粉	—	—	—	5.0	—	—
	玉米青贮	—	—	7.0	—	—	7.0
	大豆	—	—	—	—	6.5	—
	豆饼	25.0	6.0	9.6	25.0	30.4	11.5
	菜籽饼	—	11.0	5.5	—	3.6	—
	鱼粉	—	0.5	0.8	0.5	—	—
	骨粉	—	—	—	—	—	0.8
	贝壳粉	1.4	—	0.8	2.0	1.5	0.9
	食盐	0.6	0.5	0.6	0.5	0.5	0.6
营养成分	消化能（兆焦/千克）	12.80	13.36	11.97	14.10	14.77	12.49
	粗蛋白质（%）	17.3	14.3	15.6	17.5	22.4	15.3
	粗纤维（%）	4.6	4.6	4.5	3.4	3.4	4.5
	钙（%）	0.65	0.30	0.75	0.85	0.79	0.75
	磷（%）	0.45	0.54	0.57	0.39	0.41	0.62
	赖氨酸（%）	0.88	0.43	0.71	0.87	1.24	0.80
	蛋氨酸（%）	0.24	0.24	0.30	0.18	0.23	+0.91
	胱氨酸（%）	0.20	0.18	0.23	0.18	0.25	

配方31~36是一组高蛋白质水平的配合饲料，适于蛋白质饲料资源丰富的地区使用。

表 4-16 哺乳期的饲料配方（37～41）

	配方编号	37	38	39	40	41
饲料配比例（%）	玉米	20.0	15.0	10.0	5.0	
	碎米	35.0	40.0	45.0	50.0	55.0
	稻谷	15.0	13.0	16.0	14.0	12.0
	菜籽粕	4.0	4.0	5.0	5.0	5.0
	肉骨粉	6.0	5.0	5.0	8.0	4.0
	蚕蛹粉	6.0	7.0	5.0	2.0	7.0
	细米糠	10.0	10.0	10.0	10.0	10.0
	青饲料	2.0	4.0	2.0	4.0	5.0
	骨粉	1.0	1.0	1.0	1.0	1.0
	添加剂	0.6	0.6	0.6	0.6	0.6
	食盐	0.4	0.4	0.4	0.4	0.4
营养成分	消化能(兆焦/千克)	13.29	13.08	13.07	12.58	12.80
	粗蛋白质(%)	15.2	15.0	14.5	14.3	14.7
	粗纤维(%)	3.0	2.8	3.1	2.9	2.6
	钙(%)	0.71	0.65	0.75	0.82	0.61
	磷(%)	0.71	0.68	0.69	0.76	0.66
	赖氨酸(%)	0.61	0.60	0.59	0.60	0.60
	蛋氨酸(%)	0.26	0.26	0.25	0.23	0.26
	胱氨酸(%)	0.19	0.19	0.20	0.20	0.20

配方 37～41 采用肉骨粉和蚕蛹粉代替鱼粉。

表 4-17　哺乳期的饲料配方（42～43）

配方编号		42	43
饲料配合比例（%）	玉米	70.0	58.0
	次粉	12.0	16.0
	麦麸	—	9.0
	玉米蛋白粉	5.0	—
	豆粕	5.0	8.0
	棉籽粕	—	6.0
	鱼粉	4.0	—
	磷酸氢钙	1.0	1.0
	石粉	1.2	0.7
	赖氨酸	0.4	0.2
	添加剂	1.0	0.8
	食盐	0.4	0.3
营养成分	消化能(兆焦/千克)	13.79	13.02
	粗蛋白质(%)	15.25	15.0
	粗纤维(%)	1.5	3.04
	钙(%)	0.85	0.61
	磷(%)	0.56	0.60
	赖氨酸(%)	0.80	0.79
	蛋氨酸(%)	0.29	0.24
	胱氨酸(%)	0.28	0.26
	苏氨酸(%)	0.54	0.45

配方 42 试验表明：在泌乳期母猪饲料中添加合成赖氨酸，可提高母猪泌乳能力和仔猪窝增重，还可提高猪乳中蛋白质及固形物的含量。维生素添加剂可用华罗多维 1 号 200 毫克/千克，微量元素添加剂可用其配方 34。

配方 43 在母猪妊娠 93 天至哺乳 21 天饲料中添加 60 毫克/千克蛋氨酸铁螯合物，可有效防止仔猪缺铁性贫血的发生。

（二）妊娠期的饲料配方（1～46）

母猪妊娠期的饲料配方见表4–18至表4–25。

表4–18　妊娠期的饲料配方（1～6）

配方编号		1	2	3	4	5	6
饲料配合比例（%）	玉　米	38.0	38.0	30.5	43.0	34.0	40.0
	大　麦	20.0	45.0	28.0	28.0	10.0	10.0
	高　粱	—	—	—	—	10.0	—
	麸　皮	20.0	5.0	6.0	7.0	20.0	17.0
	槐叶粉	—	—	—	—	8.0	—
	草　粉	7.0	—	24.0	6.0	—	14.5
	豆　饼	—	5.0	4.0	8.0	15.0	11.0
	花生饼	—	5.0	6.0	—	—	—
	向日葵饼	10.0	—	—	—	—	—
	鱼　粉	3.0	—	—	6.0	—	6.0
	多种维生素	—	—	0.3	—	—	—
	骨　粉	1.5	1.5	0.7	1.5	2.5	1.0
	食　盐	0.5	0.5	0.5	0.5	0.5	0.5
营养成分	消化能（兆焦/千克）	12.17	13.18	11.00	12.76	12.65	11.46
	粗蛋白质（%）	14.2	14.0	12.9	15.0	15.7	15.5
	粗纤维（%）	5.9	3.8	9.8	5.4	4.1	7.3
	钙（%）	0.69	0.50	0.36	0.78	0.95	0.61
	磷（%）	0.68	0.51	0.39	0.69	0.68	0.58
	赖氨酸（%）	0.62	0.34	0.45	0.60	0.70	0.81
	蛋氨酸（%）	0.38	0.15	0.18	0.23	0.16	+0.65
	胱氨酸（%）	0.21	0.40	0.13	0.18	0.18	

配方2、配方3每100千克饲料加硫酸铜10克、硫酸锌20克、硫酸亚铁20克。配方4用于杜洛克猪，每100千克饲料加20克多种维生素。配方5每100千克饲料加硫酸铜10克、碘化钾0.1克、多种维生素6.5克。

表4-19 妊娠期的饲料配方（7～11）

	配方编号	7	8	9	10	11
饲料配合比例（%）	玉米	46.5	10.0	25.0	59.7	31.0
	大麦	12.0	30.0	40.0	—	28.0
	稻谷粉	—	20.0	—	—	—
	麸皮	17.0	20.0	—	7.0	6.0
	草粉	15.0	—	—	15.0	24.0
	豆饼	5.0	6.0	23.5	17.0	4.0
	菜籽饼	—	6.0	—	—	—
	棉籽饼	—	5.5	8.0	—	—
	花生饼	—	—	—	—	6.0
	鱼粉	3.0	—	2.0	—	—
	骨粉	1.0	2.0	1.0	—	0.7
	贝壳粉	—	—	—	0.8	—
	食盐	0.5	0.5	0.5	0.5	0.3
营养成分	消化能（兆焦/千克）	11.63	12.01	12.55	13.22	10.79
	粗蛋白质（%）	12.5	15.1	14.1	15.2	11.8
	粗纤维（%）	7.7	7.3	5.1	6.8	9.9
	钙（%）	0.59	0.82	0.75	0.60	0.38
	磷（%）	0.55	0.79	0.73	0.39	0.49
	赖氨酸（%）	0.70	0.64	0.88	0.73	0.41
	蛋氨酸（%）	0.38	0.25	0.22	0.17	+0.20
	胱氨酸（%）	0.15	0.22	0.24	0.16	

配方7每100千克饲料加硫酸铜20克、硫酸锌30克、硫酸亚铁40克。配方10每100千克饲料加微量元素添加剂100克、维生素添加剂10克。

表 4-20 妊娠期的饲料配方（12～17）

	配方编号	12	13	14	15	16	17
饲料配合比例（%）	玉米	25.0	25.0	40.0	57.0	10.0	—
	大麦	8.0	8.0	10.0	15.0	—	—
	次粉	—	—	—	—	7.5	—
	麸皮	25.0	25.0	30.0	—	30.0	25.0
	米糠	17.5	17.5	—	—	21.0	40.0
	蚕豆糠	16.8	12.8	—	—	—	—
	脱脂糠	—	—	7.4	—	—	—
	豌豆	5.0	5.0	4.0	10.0	—	—
	米糠饼	—	—	—	—	20.0	26.0
	花生饼	—	4.0	4.0	10.0	—	—
	菜籽饼	—	—	—	—	10.0	8.0
	蚕蛹	1.0	1.0	2.0	5.0	—	—
	贝壳粉	1.2	1.2	2.1	2.5	—	0.5
	石灰石粉	—	—	—	—	1.0	—
	食盐	0.5	0.5	0.5	0.5	0.5	0.5
营养成分	消化能（兆焦/千克）	9.25	10.00	11.67	13.34	10.25	8.78
	粗蛋白质（%）	14.3	15.1	13.5	16.0	13.5	12.8
	粗纤维（%）	8.5	8.2	5.2	3.7	6.9	6.9
	钙（%）	0.51	0.52	0.79	0.92	0.78	0.78
	磷（%）	0.58	0.60	0.51	0.38	0.76	0.78
	赖氨酸（%）	0.65	0.71	0.54	0.50	0.68	0.70
	蛋氨酸（%）	0.35	0.35	0.31	0.19	0.43	0.51
	胱氨酸（%）	0.26	0.26	0.18	0.21	0.21	0.20

配方 12、配方 13 适用于妊娠前期，每 100 千克饲料需加 1.2 千克磷酸氢钙。配方 14、配方 15 适用于妊娠后期。配方 14 每 100 千克饲料需加磷酸氢钙 1.5 千克、磷酸钙 0.6 千克。配方 15 每 100 千克饲料需加磷酸氢钙 2 千克、磷酸钙 0.5 千克。配方 17 每 100 千克饲料需加硫酸钙和磷酸钙各 0.5 千克，维生素添加剂 20 克。

表 4-21　妊娠期的饲料配方（18 ~ 23）

	配方编号	18	19	20	21	22	23
饲料配合比例（%）	玉　米	32.0	30.0	32.0	23.0	30.0	40.0
	高　粱	15.0	—	—	—	—	—
	碎　米	—	15.0	15.0	54.0	35.0	—
	麸　皮	10.0	23.0	15.0	13.5	16.0	8.0
	米　糠	15.0	15.0	18.0	5.0	10.5	—
	高粱糠	—	—	—	—	—	30.0
	酱油渣	5.0	—	5.0	—	—	—
	苜蓿粉	5.0	—	—	—	—	—
	青饲料	—	5.0	—	—	—	—
	豆　饼	12.5	8.0	10.0	—	3.0	20.0
	花生饼	—	—	—	—	2.0	—
	鱼　粉	3.0	2.0	2.0	2.0	1.0	—
	活性炭	1.0	—	1.0	—	—	—
	骨　粉	1.0	1.5	1.5	1.0	1.0	—
	贝壳粉	—	—	—	1.0	1.0	1.5
	食　盐	0.5	0.5	0.5	0.5	0.5	0.5
营养成分	消化能(兆焦/千克)	11.63	12.21	12.25	13.59	13.84	12.80
	粗蛋白质(%)	15.1	13.0	13.6	12.3	12.9	15.6
	粗纤维(%)	4.8	4.6	4.3	7.2	6.5	4.5
	钙(%)	0.59	0.65	0.64	0.83	0.79	0.67
	磷(%)	0.66	0.76	0.74	0.98	0.86	0.43
	赖氨酸(%)	0.72	0.64	0.65	0.42	0.50	0.77
	蛋氨酸(%)	0.30	0.31	0.30	0.20	0.24	+0.59
	胱氨酸(%)	0.17	0.18	0.18	0.22	0.20	

配方 18、配方 19 日喂量为 2 ~ 3 千克，每 100 千克饲料需加微量元素添加剂 1 千克、维生素添加剂 0.5 千克。配方 20、配方 22 适用于妊娠前期。配方 21 适用于妊娠后期。配方 23 适用于妊娠后期哈白猪，每 100 千克饲料需加 3 千克青饲料。

表 4-22　妊娠期的饲料配方（24～29）

	配方编号	24	25	26	27	28	29
饲料配合比例(%)	玉米	54.0	66.0	40.0	50.0	30.0	59.5
	麸皮	—	—	10.0	7.0	48.0	7.0
	玉米糠	3.8	4.0	—	—	—	—
	高粱糠	3.8	4.0	—	—	—	—
	统糠	—	—	—	—	10.0	—
	玉米秸粉	—	—	7.0	5.0	—	—
	青饲料	—	—	28.0	23.0	—	—
	蚕豆	—	—	—	—	5.0	—
	秣食豆粉	25.0	10.0	—	—	—	15.0
	豆饼	12.0	14.0	13.0	13.0	—	17.0
	菜籽饼	—	—	—	—	5.0	—
	添加剂	—	—	—	—	0.5	—
	骨粉	0.9	1.5	1.5	1.5	1.0	1.0
	食盐	0.5	0.5	0.5	0.5	0.5	0.5
营养成分	消化能(兆焦/千克)	11.75	13.34	9.00	9.00	11.12	13.22
	粗蛋白质(%)	13.0	13.1	10.6	10.6	12.8	15.2
	粗纤维(%)	4.6	3.4	4.7	4.5	8.7	3.4
	钙(%)	0.40	0.54	1.14	1.00	0.60	0.66
	磷(%)	0.30	0.30	0.34	0.40	0.40	0.38
	赖氨酸(%)	0.52	0.56	0.50	0.50	0.56	0.76
	蛋氨酸(%)	0.13	0.14	0.15	0.14	0.34	+0.58
	胱氨酸(%)	0.15	0.15	0.15	0.20	0.21	

配方 24 适用于妊娠前期。配方 25、配方 26 适用于妊娠后期。配方 28 适用于妊娠前期，每 100 千克饲料加 3 千克玉米青贮料。

表4-23 妊娠期的饲料配方（30~35）

	配方编号	30	31	32	33	34	35
饲料配合比例（%）	玉米	35.0	67.3	40.3	40.0	60.0	40.0
	麸皮	13.0	7.0	8.1	8.0	10.0	14.0
	高粱糠	40.0	15.7	6.8	30.0	21.1	3.7
	酒糟	—	—	25.2	—	—	19.8
	豆饼	10.0	5.0	2.5	20.0	4.0	7.0
	菜籽饼	—	4.0	12.8	—	3.9	13.6
	向日葵饼	—	—	2.5	—	—	—
	骨粉	1.6	0.5	0.6	—	0.5	0.7
	贝壳粉	0.4	—	0.6	1.5	—	0.7
	食盐	—	0.5	0.6	0.5	0.5	0.5
营养成分	消化能(兆焦/千克)	12.51	13.77	11.84	12.80	13.64	11.76
	粗蛋白质(%)	12.8	11.6	14.3	15.6	11.4	15.7
	粗纤维(%)	5.1	3.8	3.9	4.6	3.8	3.8
	钙(%)	0.71	0.23	0.70	0.67	0.24	0.73
	磷(%)	0.47	0.41	0.56	0.43	0.44	0.61
	赖氨酸(%)	0.58	0.43	0.73	0.77	0.42	0.82
	蛋氨酸(%)	0.37	0.42	0.88	0.41	0.36	0.84
	胱氨酸(%)	0.15	0.14	0.15	0.18	0.14	0.15

配方30需另加食盐0.5%。配方31适用于妊娠前期。配方32~34适用于妊娠后期。

表 4-24　妊娠期的饲料配方（36～41）

	配方编号	36	37	38	39	40	41
饲料配合比例（%）	玉　米	46.8	68.5	54.0	65.6	42.0	45.0
	高　粱	7.5	—	—	—	37.0	30.0
	麸　皮	29.9	26.2	29.7	18.2	5.0	7.0
	豆　饼	14.7	4.0	8.0	—	10.0	12.0
	菜籽饼	—	—	—	—	5.0	5.0
	秣食豆饼	—	0.3	7.0	14.7	—	—
	贝壳粉	0.6	0.5	0.9	1.0	0.5	0.5
	食　盐	0.5	0.5	0.4	0.5	0.5	0.5
营养成分	消化能（兆焦/千克）	13.51	14.39	13.68	13.93	13.72	13.64
	粗蛋白质（%）	15.0	12.5	15.8	15.5	13.6	14.3
	粗纤维（%）	4.5	4.0	4.5	3.7	3.0	3.1
	钙（%）	0.33	0.25	0.41	0.40	0.28	0.28
	磷（%）	0.43	0.46	0.49	0.64	0.46	0.47
	赖氨酸（%）	0.71	0.49	0.53	0.42	0.55	0.49
	蛋氨酸（%）	0.29	0.22	0.29	0.25	+0.57	+0.60
	胱氨酸（%）	0.18	0.14	0.18	0.17		

配方 40 为妊娠前期饲料。配方 41 为妊娠后期饲料。

表4-25 妊娠期的饲料配方（42～46）

	配方编号	42	43	44	45	46
饲料配合比例(%)	玉米	25.0	20.0	15.0	10.0	—
	碎米	30.0	35.0	40.0	45.0	55.0
	稻谷	12.0	12.0	13.0	14.0	14.0
	菜籽粕	4.0	4.0	4.0	4.0	4.0
	肉骨粉	6.0	4.0	6.0	8.0	4.0
	蚕蛹粉	6.0	6.0	5.0	3.0	7.0
	细米糠	10.0	12.0	12.0	10.0	13.0
	青饲料	4.0	4.0	2.0	3.0	—
	骨粉	2.0	2.0	2.0	2.0	2.0
	添加剂	0.6	0.6	0.6	0.6	0.6
	食盐	0.4	0.4	0.4	0.4	0.4
营养成分	消化能(兆焦/千克)	12.98	12.90	13.04	12.73	13.25
	粗蛋白质(%)	14.9	14.1	14.7	14.5	14.8
	粗纤维(%)	2.8	2.8	2.9	2.8	2.8
	钙(%)	0.96	0.96	1.07	1.17	0.97
	磷(%)	0.73	0.70	0.75	0.77	0.71
	赖氨酸(%)	0.60	0.57	0.60	0.60	0.60
	蛋氨酸(%)	0.25	0.25	0.25	0.24	0.26
	胱氨酸(%)	0.19	0.19	0.19	0.19	0.19

配方42～46采用肉骨粉和蚕蛹粉代替鱼粉。

（三）空怀期的饲料配方（1～10）

母猪空怀期的饲料配方见表4-26，表4-27。

表 4-26　空怀期的饲料配方（1～5）

	配方编号	1	2	3	4	5
饲料配合比例（%）	玉　米	46.5	48.0	48.5	48.5	48.0
	麸　皮	51.0	36.5	30.0	30.0	30.5
	豆　饼	—	—	—	19.0	10.0
	向日葵饼	—	14.0	19.0	—	9.0
	骨　粉	2.0	1.0	2.0	2.0	2.0
	食　盐	0.5	0.5	0.5	0.5	0.5
营养成分	消化能（兆焦/千克）	13.09	12.18	11.67	13.31	12.59
	粗蛋白质（%）	10.8	11.0	11.0	16.0	15.1
	粗纤维（%）	5.7	6.2	6.3	4.6	5.4
	钙（%）	1.14	0.66	1.16	0.73	0.74
	磷（%）	0.85	0.66	0.73	0.73	0.72
	赖氨酸（%）	0.42	0.58	0.63	0.80	0.74
	蛋氨酸（%）	0.32	0.45	0.49	0.27	0.37
	胱氨酸（%）	0.15	0.22	0.24	0.19	0.22

表 4-27　空怀期的饲料配方（6～10）

	配方编号	6	7	8	9	10
饲料配合比例（%）	玉　米	20.0	15.0	10.0	—	—
	碎　米	30.0	35.0	40.0	50.0	55.0
	稻　谷	15.0	20.0	25.0	18.0	16.0
	菜籽粕	5.0	5.0	4.0	4.0	5.0
	肉骨粉	4.0	5.0	6.0	7.0	3.0
	蚕蛹粉	4.0	3.0	3.0	2.0	6.0
	细米糠	15.0	13.0	5.0	12.0	10.0
	青饲料	5.0	2.0	5.0	5.0	3.0
	骨　粉	1.2	1.2	1.2	1.2	1.2
	添加剂	0.5	0.5	0.5	0.5	0.5
	食　盐	0.3	0.3	0.3	0.3	0.3
营养成分	消化能（兆焦/千克）	12.63	12.83	12.40	12.31	12.90
	粗蛋白质（%）	13.6	13.7	13.3	13.5	14.0
	粗纤维（%）	3.3	3.6	3.4	3.1	3.0
	钙（%）	0.66	0.72	0.77	0.82	0.62
	磷（%）	0.65	0.66	0.58	0.68	0.57
	赖氨酸（%）	0.55	0.56	0.54	0.58	0.57
	蛋氨酸（%）	0.23	0.23	0.22	0.22	0.25
	胱氨酸（%）	0.19	0.19	0.18	0.19	0.20

配方 6～10 采用肉骨粉和蚕蛹粉代替鱼粉。

三、仔猪的饲料配方

（一）仔猪人工乳配方（1～4）

仔猪人工乳配方见表4-28。

表4-28　仔猪人工乳配方（1～4）

配方编号		1	2	3	4
饲料配合	牛　乳（毫升）	1000	1000	1000	1000
	全脂奶粉（克）	50	50	100	200
	鸡　蛋（克）	50	50	50	50
	酵　母（克）	1	—	—	—
	干酪素（克）	15	—	—	—
	猪　油（克）	5	—	-	-
	葡萄糖（克）	20	20	20	40
	微量元素添加剂溶液（毫升）	5	5	5	5
	维生素溶液（毫升）	5	5	5	5
	干物质（克）	—	19.6	23.4	24.7
营养成分	消化能（兆焦/千克）	—	4.48	4.77	5.19
	粗蛋白质（克/千克）	—	56.0	62.6	62.3

配方1～4中使用的蛋白质原料，除牛乳和全脂奶粉外，还有用鸡蛋来提高蛋白质水平。配方1利用酵母、干酪素作为未知生长因子源和蛋白质源。为了供给必需脂肪酸，配方1利用了适口性好的动物性脂肪。配方1～4用葡萄糖提高人工乳对仔猪的适口性。

（二）仔猪的饲料配方（1～38）

仔猪的饲料配方见表4-29至表4-35。

表4-29 仔猪的饲料配方（1～6）

	配方编号	1	2	3	4	5	6
饲料配合比例（%）	玉米	—	—	23.6	45.0	—	15.0
	煮小麦	34.0	26.7	20.0	—	11.5	9.0
	小麦粉	—	15.5	20.0	25.0	—	20.0
	熟黄豆粉	—	5.0	—	—	—	—
	豆粕	3.0	—	9.0	8.0	21.0	18.0
	脱脂乳粉	40.0	20.0	10.0	—	59.0	20.0
	脱水乳清	—	10.0	—	10.0	—	—
	生膜菌	2.0	3.0	2.0	2.0	—	—
	鱼粉	3.0	5.0	5.0	6.0	7.5	12.0
	大豆油	4.0	—	3.0	—	1.0	—
	进口油脂	—	3.0	—	2.2	—	—
	葡萄糖	9.0	8.0	5.6	—	—	—
	砂糖	3.4	2.2	—	—	—	3.5
	磷酸钙	1.2	1.2	1.4	1.4	—	1.5
	微量元素添加剂	0.2	0.2	0.2	0.2	—	0.5
	维生素添加剂	0.2	0.2	0.2	0.2	—	—
	胃蛋白酶	—	—	—	—	—	0.3
	淀粉酶	—	—	—	—	—	0.2
营养成分	消化能(兆焦/千克)	15.94	15.77	15.77	14.85	13.05	15.56
	粗蛋白质(%)	23.1	21.1	20.0	18.3	32.5	26.3
	粗纤维(%)	1.0	1.1	1.5	1.5	2.01	0.5
	钙(%)	1.16	1.17	0.92	0.96	1.25	1.82
	磷(%)	0.82	0.82	0.75	0.76	0.74	1.24
	赖氨酸(%)	1.52	1.32	1.04	0.99	2.35	1.53
	蛋氨酸(%)	0.84	0.71	0.59	0.56	0.71	0.44
	胱氨酸(%)	—	—	—	—	0.41	0.34

配方2另加0.1%L-赖氨酸，0.05%DL-蛋氨酸。配方4另加0.15%L-赖氨酸，0.05%DL-蛋氨酸。配方1、配方2适用于开始补饲至断奶仔猪。配方3、配方4适用于哺乳后期。配方6用于5～10千克重的三江白猪，日增重312克。豆粕要磨细、熟喂，才易于消化，并能提高适口性。

表 4-30　仔猪的饲料配方（7～12）

	配方编号	7	8	9	10	11	12
饲料配合比例(%)	玉　米	11.0	24.2	58.0	9.0	13.0	48.0
	小　麦	18.0	—	—	18.0	22.0	10.0
	高　粱	6.0	10.0	—	6.0	10.0	—
	麸　皮	—	—	5.0	—	—	—
	秣食豆干草粉	—	1.5	1.0	—	—	—
	豆　饼	16.0	20.0	26.0	16.0	20.0	30.0
	鱼　粉	12.0	10.0	5.0	12.0	12.0	4.0
	酵母粉	3.0	—	—	3.5	4.0	2.0
	全脂奶粉	30.0	30.0	4.0	30.0	13.5	4.0
	胃蛋白酶	0.3	0.3	—	0.3	0.3	0.3
	淀粉酶	0.2	0.2	—	0.2	0.2	—
	白　糖	3.5	3.5		5.0	3.0	—
	贝壳粉	—	0.3	1.0	—	—	1.5
	碳酸钙	—	—	—	—	1.5	—
	微量元素添加剂	—	—	—	—	0.25	0.1
	维生素添加剂	—	—	—	—	0.25	0.1
营养成分	消化能(兆焦/千克)	15.60	15.52	13.76	15.19	14.73	13.97
	粗蛋白质(%)	25.0	23.1	20.6	24.9	25.6	21.5
	粗纤维(%)	2.4	1.5	3.0	2.4	3.0	3.1
	钙(%)	1.04	0.97	0.93	1.56	1.22	0.39
	磷(%)	0.77	0.68	0.50	0.54	0.49	0.48
	赖氨酸(%)	1.80	1.72	1.17	1.39	1.32	1.19
	蛋氨酸(%)	0.57	0.51	0.27	0.58	0.45	0.27
	胱氨酸(%)	0.40	0.30	0.21	0.41	0.39	0.29

配方 9 适用于 7～15 日龄的仔猪。配方 10 适用于 5～10 千克重的仔猪。配方 11 适用于 10～20 千克重的仔猪。配方 9、配方 12 需另加食盐 0.2%。

配方 13 适用于 10～20 千克重的仔猪，日增重达 566 克。配方 18 是以玉米、豆饼为主的高能高蛋白饲料，适用于早期断奶的仔猪；用于 10～20 千克重的仔猪，日增重为 472 克。配方 17 需加 0.2% 食盐。

表4-31　仔猪的饲料配方（19～24）

	配方编号	19	20	21	22	23	24
饲料配合比例(%)	玉　米	62.0	62.0	53.0	52.4	9.0	21.2
	小麦粉	—	—	10.0	—	18.0	—
	高　粱	—	—	—	—	6.0	10.0
	麸　皮	5.0	5.0	—	10.0	—	—
	秣食豆干草粉	—	1.0	—	3.0	—	1.5
	豆　饼	28.0	25.0	30.0	30.0	16.0	20.0
	鱼　粉	—	5.0	3.0	2.0	12.0	10.0
	酵　母	—	—	2.0	1.0	3.5	3.0
	全脂奶粉	—	—	—	—	30.0	30.0
	胃蛋白酶	—	—	0.3	0.3	0.3	0.3
	淀粉酶	—	—	—	—	0.2	0.2
	白　糖	5.0	—	—	—	3.5	3.5
	贝壳粉	—	1.5	1.5	1.3	1.5	—
	添加剂	—	0.5	0.2	—	—	—
	食　盐	—	—	—	—	—	0.3
营养成分	消化能(兆焦/千克)	13.05	13.35	13.97	13.56	15.15	15.06
	粗蛋白质(%)	18.0	19.8	20.6	18.8	23.3	24.3
	粗纤维(%)	2.6	3.0	3.2	4.3	1.2	1.6
	钙(%)	0.59	0.86	0.77	0.77	1.56	1.12
	磷(%)	0.35	0.50	0.44	0.48	0.54	0.70
	赖氨酸(%)	0.85	1.07	1.07	0.98	1.39	1.52
	蛋氨酸(%)	0.17	0.23	0.23	0.21	+0.62	+0.63
	胱氨酸(%)	0.19	0.18	0.28	0.27		

配方19适用于7～15日龄的仔猪。配方20适用于16～30日龄的仔猪。配方23、配方24是以奶粉为主的高能高蛋白饲料，适用于早期断奶的仔猪。配方23适用于1～5千克重的三江白猪，日增重200克。配方24用于5～10千克重的三江白猪，日增重398克。配方19～23需另加0.3%食盐。配方25～38为修订版新增加的配方。

表 4-32　仔猪的饲料配方（25～30）

	配方编号	25	26	27	28	29	30
饲料配合比例（%）	玉　米	42.5	31.5	23.0	52.0	45.3	62.0
	炒小麦	—	—	15.0	—	—	—
	麦　麸	2.0	8.5	5.6	7.7	7.8	—
	豆　粕	—	15.5	15.0	5.5	9.9	32.5
	膨化大豆	33.0	21.0	16.0	19.0	19.0	—
	全脂奶粉	2.0	—	—	—	—	—
	乳清粉	10.0	15.0	17.0	10.0	9.7	—
	鱼　粉	7.7	7.0	7.0	4.0	6.9	2.0
	磷酸氢钙	1.8	0.5	0.4	0.4	0.4	1.4
	石　粉	—	—	—	—	—	0.8
	赖氨酸	—	—	—	0.1	—	0.3
	添加剂	1.0	1.0	1.0	1.3	1.0	1.0
营养成分	消化能（兆焦/千克）	14.00	14.28	14.28	14.28	14.28	13.38
	粗蛋白质（%）	23.1	23.7	24.0	17.9	20.9	20.1
	粗纤维（%）	2.3	2.8	2.5	2.3	2.5	2.3
	钙（%）	0.93	0.80	0.80	0.70	0.70	0.80
	磷（%）	0.75	0.65	0.65	0.60	0.60	0.65
	赖氨酸（%）	1.44	1.33	1.22	0.94	1.01	1.30
	蛋氨酸（%）	0.36	0.36	0.38	0.27	0.29	0.34
	胱氨酸（%）	0.39	0.38	0.40	0.29	0.31	0.32
	苏氨酸（%）	1.00	1.03	0.81	0.75	0.89	0.73

采用配方 25 时，应在仔猪 3 日龄每头注射补铁制剂“富铁力”1 毫升，7 日龄开始诱食。添加剂可用维生素配方 7、微量元素配方 19。配方 26 中 1% 添加剂，包括 0.2% 酸化剂、0.2% 复合酶制剂。维生素和微量元素预混料，可用维生素添加剂配方 9、微量元素添加剂配方 20。配方 27 中 1% 添加剂，包括微量元素 0.5%、复合多种维生素 0.04%、酸化剂 0.2%、复合酶制剂 0.2%、磷酸泰乐菌素 0.01%、氯化胆碱 0.05%。维生素和微量元素预混料，可用维生素添加剂配方 8、微量元素添加剂配方 20。配方 28 中 1.3% 添加剂，包括微量元素与复合多种维生素 0.6%、酸化剂 0.2%、复合酶制剂 0.2%、食盐 0.3%。配方 29 中 1% 添加剂，除没有食盐，其他同配

方28。配方30中1%的添加剂，包括0.28%食盐。

表4-33 仔猪的饲料配方（31～35）

	配方编号	31	32	33	34	35
饲料配合比例（%）	玉米	57.35	57.43	57.4	57.4	57.5
	花生粕	24.0	16.0	12.0	8.0	—
	大豆粕	—	8	12	16	24
	鱼粉	4.0	4.0	4.0	4.0	4.0
	脱脂奶粉	4.0	4.0	4.0	4.0	4.0
	大豆油	2.0	2.0	2.0	2.0	2.0
	葡萄糖	4.0	4.0	4.0	4.0	4.0
	柠檬酸	2.0	2.0	2.0	2.0	2.0
	赖氨酸	0.50	0.43	0.40	0.36	0.29
	蛋氨酸	0.19	0.18	0.18	0.17	0.16
	磷酸氢钙	1.3	1.3	1.3	1.3	1.3
	石粉	0.3	0.3	0.3	0.3	0.3
	食盐	0.3	0.3	0.3	0.3	0.3
营养成分	消化能(兆焦/千克)	14.27	14.27	14.27	14.27	14.27
	粗蛋白质(%)	19.7	19.7	19.7	19.7	19.7
	粗纤维(%)	2.2	2.0	2.0	1.9	1.8
	钙(%)	0.86	0.86	0.86	0.87	0.87
	磷(%)	0.62	0.62	0.62	0.62	0.62
	赖氨酸(%)	1.2	1.2	1.2	1.2	1.2
	蛋+胱氨酸(%)	0.78	0.78	0.78	0.78	0.78
	苏氨酸(%)	0.55	0.61	0.68	0.75	0.82

配方31～35不足百分比的量为添加剂，其中配方32～35另加苏氨酸0.025%，0.08%，0.13%，0.12%。此组配方为玉米、豆粕、花生粕为主要原料的日粮配方，通过试验“理想必需氨基酸模式”（总氨基酸为基础），赖氨酸、蛋（蛋氨酸）+胱氨酸、苏氨酸比例为100：65：65。

表4–34 仔猪的饲料配方（36～38）

	配方编号	36	37	38
饲料配合比例（%）	玉米	38.8	50.7	59.5
	豆粕	9.2	—	—
	花生粕	—	—	20.8
	膨化大豆	24.0	28.0	—
	大豆油	—	—	2.0
	麦麸	7.2	6.0	—
	乳清粉	15.0	7.0	—
	脱脂奶粉	—	—	4.0
	鱼粉	4.0	5.0	4.0
	葡萄糖	—	—	4.0
	磷酸氢钙	0.1	2.0	1.7
	碳酸钙	0.3	0.2	—
	复合酶	0.2	—	—
	酸化剂	0.2	—	—
	柠檬酸	—	--	2.0
	赖氨酸	0.1	—	0.5
	蛋氨酸	—	—	0.2
	添加剂	0.6	1.0	1.0
	食盐	0.3	0.1	0.3
营养成分	消化能(兆焦/千克)	14.28	14.00	14.27
	粗蛋白质(%)	20.7	20.2	18.7
	粗纤维(%)	2.6	4.2	2.0
	钙(%)	0.80	0.82	0.86
	磷(%)	0.65	0.72	0.62
	赖氨酸(%)	1.11	1.19	1.15
	蛋氨酸(%)	0.30	0.32	0.47
	胱氨酸(%)	0.31	0.33	0.28
	苏氨酸(%)	0.88	0.86	0.54

配方36中添加剂可用维生素添加剂配方9、微量元素添加剂配方20。采用配方37时，仔猪于3日龄每天注射补铁制剂“富铁力”1毫升，7日开始诱食，28日龄断奶。添加剂可用维生素添加剂配方7、微量元素添加剂配方19。

（三）断奶仔猪的饲料配方（1～90）

断奶仔猪的饲料配方见表4-35至表4-52。

表4-35　断奶仔猪的饲料配方（1～5）

配方编号		1	2	3	4	5
饲料配合比例（%）	玉米	26.0	30.0	—	15.0	57.0
	稻谷粉	20.0	30.0	—	20.0	—
	糙米	—	5.0	65.0	—	—
	麸皮	26.0	20.0	12.5	15.0	15.0
	豆饼	—	—	—	8.0	25.0
	花生饼	18.0	5.0	—	—	—
	棉籽饼	—	—	11.0	—	—
	米糠饼	—	—	—	30.0	—
	鱼粉	8.0	10.0	10.0	5.0	—
	骨粉	1.5	—	—	—	—
	贝壳粉	—	—	—	1.0	2.0
	石粉	—	—	1.1	—	—
	白糖	—	—	—	5.0	—
	磷酸氢钙	—	—	—	0.5	—
	食盐	0.5	—	0.4	0.5	1.0
营养成分	消化能(兆焦/千克)	12.93	12.76	13.81	10.79	13.01
	粗蛋白质(%)	20.0	15.8	15.9	15.3	16.9
	粗纤维(%)	5.3	5.3	3.1	5.7	3.7
	钙(%)	0.89	0.54	0.83	0.72	0.78
	磷(%)	0.87	0.65	0.76	0.88	0.45
	赖氨酸(%)	0.88	0.78	0.81	0.76	0.87
	蛋氨酸(%)	0.34	0.29	0.29	0.25	+0.66
	胱氨酸(%)	0.26	0.23	0.29	0.20	

配方2需另加食盐0.2%。配方4消化能中不包括白糖的能量。

表 4-36　断奶仔猪的饲料配方（6～11）

	配方编号	6	7	8	9	10	11
饲料配合比例（%）	玉米	28.5	58.0	54.3	51.0	58.0	59.0
	高粱	—	4.0	7.8	10.0	10.0	7.0
	麸皮	40.0	5.5	6.0	—	2.0	5.0
	酱油渣	6.0	—	—	—	—	—
	豌豆	8.0	—	—	—	—	—
	豆饼	—	21.0	21.0	20.0	21.0	25.0
	菜籽饼	10.0	—	—	—	—	—
	鱼粉	—	7.5	8.3	10.0	7.5	3.0
	蚕蛹	5.0	—	—	—	—	—
	酵母粉	—	1.0	—	4.0	—	—
	砂糖	—	—	—	2.0	—	—
	骨粉	1.0	0.3	—	—	—	0.5
	碳酸钙	1.0	0.2	0.3	0.6	—	—
	微量元素添加剂	—	1.0	1.0	1.0	0.5	—
	维生素添加剂	—	1.0	1.0	1.0	0.5	—
	食盐	0.5	0.5	0.3	0.4	0.5	0.5
营养成分	消化能（兆焦/千克）	11.76	13.56	13.51	13.68	14.31	13.56
	粗蛋白质（%）	17.0	20.1	20.2	21.8	17.5	17.7
	粗纤维（%）	4.3	2.7	2.8	2.1	2.5	2.9
	钙（%）	0.74	0.65	0.63	0.78	0.71	0.46
	磷（%）	0.69	0.58	0.58	0.61	0.54	0.41
	赖氨酸（%）	0.79	1.16	1.16	1.23	1.50	0.90
	蛋氨酸（%）	0.39	0.26	0.25	0.30	0.23	+0.62
	胱氨酸（%）	0.22	0.24	0.21	0.28	0.20	

配方 11 适用于 10～20 千克重的仔猪。

表 4-37　断奶仔猪的饲料配方（12～17）

	配方编号	12	13	14	15	16	17
饲料配合比例（%）	玉米	29.6	31.6	39.0	53.0	42.0	40.0
	大麦	8.0	6.0	16.0	7.5	10.7	—
	小麦	20.0	18.0	10.0	—	—	—
	高粱	—	—	—	12.0	15.0	25.0
	麸皮	—	—	4.0	—	5.0	10.0
	米糠	4.0	5.0	—	—	—	—
	槐叶粉	—	—	—	—	5.0	—
	豆粕	17.0	15.0	12.0	15.0	14.8	18.8
	棉籽饼	4.0	3.0	4.0	—	—	—
	鱼粉	10.0	10.0	10.0	10.0	5.0	5.0
	血粉	1.0	1.0	1.0	—	—	—
	肉汁粉	—	4.0	—	—	—	—
	酵母粉	1.0	1.0	1.5	—	—	—
	肉骨粉	3.0	4.0	—	2.0	2.0	—
	贝壳粉	—	—	—	—	—	1.0
	钙粉	2.0	1.0	2.0	—	—	—
	食盐	0.4	0.4	0.5	0.5	0.5	0.2
营养成分	消化能(兆焦/千克)	13.26	13.39	13.43	13.56	13.35	13.26
	粗蛋白质(%)	20.4	22.7	19.8	19.2	17.8	16.0
	粗纤维(%)	4.5	4.1	3.8	2.7	3.3	3.0
	钙(%)	0.88	0.97	0.86	0.87	0.77	0.70
	磷(%)	0.64	0.70	0.65	0.93	0.82	0.55
	赖氨酸(%)	1.22	1.26	1.05	0.96	0.85	0.95
	蛋氨酸(%)	0.33	0.33	0.30	0.24	0.23	+0.58
	胱氨酸(%)	0.30	0.28	0.26	0.19	0.17	

配方 13、配方 14 适用于 30～35 日龄断奶仔猪。配方 15、配方 16 每 100 千克饲料需加硫酸亚铁 30 克、硫酸锌 40 克、碘化钾 0.2 克、土霉素 8 克、多种维生素 8 克。配方 17 适用于 20 千克体重以下的哈白猪或者民猪。

表 4-38 断奶仔猪的饲料配方（18～23）

	配方编号	18	19	20	21	22	23
饲料配合比例（%）	玉米	17.0	12.0	26.0	26.0	45.0	25.4
	小麦	35.0	40.0	40.0	40.0	—	15.0
	次粉	—	—	—	—	15.0	—
	碎米	4.2	6.0	6.2	7.1	—	5.0
	麸皮	3.0	2.0	5.0	4.5	11.5	12.0
	黄豆	5.0	5.0	—	—	—	8.0
	蚕豆	8.0	10.0	—	—	4.0	12.0
	菜籽饼	12.0	13.0	15.0	15.0	10.0	10.0
	棉籽饼	—	—	—	—	5.0	—
	米糠饼	1.0	2.0	5.0	5.0	5.0	5.0
	蚕蛹粉	12.0	8.0	—	—	3.0	5.0
	骨粉	1.5	1.0	1.5	1.5	—	—
	贝壳粉	—	—	—	—	1.0	—
	碳酸钙	0.3	0.3	0.3	0.3	—	0.5
	磷酸氢钙	0.7	0.5	0.7	—	—	1.7
	赖氨酸	—	—	—	0.3	—	—
	食盐	0.3	0.2	0.3	0.3	0.5	0.4
营养成分	消化能（兆焦/千克）	13.89	13.39	13.22	13.18	13.68	13.22
	粗蛋白质（%）	21.8	19.0	14.6	14.5	15.9	25.5
	粗纤维（%）	4.7	5.4	5.9	5.8	4.0	5.9
	钙（%）	0.78	0.60	0.74	0.74	0.62	0.78
	磷（%）	0.57	0.51	0.55	0.55	0.50	0.76
	赖氨酸（%）	1.00	0.78	0.43	0.75	0.68	1.21
	蛋氨酸（%）	0.33	0.31	0.22	0.21	0.26	+1.09
	胱氨酸（%）	0.72	0.65	0.65	0.66	0.23	

配方 18～20 每 100 千克饲料中加土霉素 100 克、硫酸锌 60 克、硫酸锰 2.4 克。配方 23 用于内江猪，日增重 220 克。

表4-39 断奶仔猪的饲料配方（24～29）

	配方编号	24	25	26	27	28	29
饲料配合比例（%）	玉米	40.0	40.0	40.0	40.0	40.0	36.0
	大麦	30.0	20.0	30.0	20.0	30.0	13.0
	次粉	—	13.0	10.0	10.0	—	—
	麸皮	10.0	—	—	—	10.0	—
	青糠	—	5.0	—	5.0	—	—
	蚕豆	—	—	—	—	—	7.5
	豆饼	10.0	12.0	8.0	12.0	10.0	10.0
	棉籽粕	—	3.5	—	6.0	—	—
	菜籽饼	—	—	—	—	—	4.0
	花生饼	—	—	—	—	—	15.0
	米糠饼	—	—	—	—	—	10.0
	鱼粉	8.5	5.0	10.5	5.5	9.0	3.0
	骨粉	—	—	—	—	1.0	1.0
	添加剂	1.0	1.0	1.0	1.0	—	—
	食盐	0.5	0.5	0.5	0.5	—	0.5
营养成分	消化能(兆焦/千克)	13.26	13.22	13.43	13.68	13.22	12.51
	粗蛋白质(%)	17.5	17.4	20.0	18.1	17.9	16.5
	粗纤维(%)	4.2	3.3	3.2	2.8	3.3	3.4
	钙(%)	1.06	0.92	1.21	0.94	1.12	0.65
	磷(%)	0.72	0.68	0.73	0.69	0.78	0.53
	赖氨酸(%)	0.70	0.75	0.84	0.80	0.85	0.71
	蛋氨酸(%)	0.28	0.23	0.25	0.24	0.28	0.19
	胱氨酸(%)	0.17	0.25	0.20	0.20	0.21	0.17

表 4-40　断奶仔猪的饲料配方（30～35）

	配方编号	30	31	32	33	34	35
饲料配合比例（%）	玉米	29.7	29.7	29.7	29.7	44.5	71.9
	大麦	35.0	35.0	35.0	35.0	20.0	—
	麸皮	5.0	5.0	5.0	5.0	2.0	—
	槐叶粉	—	—	—	—	2.0	—
	黄豆	5.0	5.0	5.0	5.0	—	—
	豌豆	8.0	8.0	8.0	8.0	—	25.0
	豆饼	—	—	—	—	20.0	—
	花生饼	5.0	5.0	5.0	5.0	—	—
	浓缩菜籽蛋白	—	4.0	7.0	10.0	—	—
	鱼粉	10.0	6.0	3.0	—	10.0	—
	骨粉	1.5	1.5	1.5	1.5	1.0	0.9
	磷酸氢钙	0.5	0.5	0.5	0.5	—	1.7
	食盐	0.3	0.3	0.3	0.3	0.5	0.5
营养成分	消化能(兆焦/千克)	13.39	13.39	13.39	13.39	13.34	13.56
	粗蛋白质(%)	20.2	19.9	19.6	19.4	21.2	14.1
	粗纤维(%)	3.7	3.7	3.7	3.7	3.3	3.9
	钙(%)	0.91	0.80	0.72	0.64	0.78	0.74
	磷(%)	0.69	0.62	0.56	0.51	0.47	0.55
	赖氨酸(%)	1.11	1.00	0.92	0.84	1.27	0.65
	蛋+胱氨酸(%)	0.68	0.90	0.92	0.94	0.67	0.45

配方 30～33 每 100 千克饲料中加多种维生素 24 克、硫酸亚铁 28 克、硫酸锌 20 克、硫酸锰 8 克、硫酸铜 12 克、碘化钾 28 毫克、亚硒酸钠 32 毫克。配方 35 用于体重 20 千克以下的内江猪，日增重 216 克。

表 4-41 断奶仔猪的饲料配方（36～40）

	配方编号	36	37	38	39	40
饲料配合比例（%）	玉米	59.5	63.2	44.0	47.3	55.5
	高粱	6.2	8.8	12.8	16.6	7.8
	麸皮	5.0	5.0	13.5	12.5	6.0
	槐叶粉	—	—	3.0	3.0	—
	黑豆饼	23.7	17.4	21.1	14.7	21.0
	秘鲁鱼粉	3.3	3.3	3.7	4.0	8.3
	碳酸钙	0.4	0.4	0.5	0.5	0.3
	磷酸氢钙	0.7	0.7	0.2	0.2	—
	添加剂	0.8	0.8	0.8	0.8	0.8
	食盐	0.4	0.4	0.4	0.4	0.3
营养成分	消化能（兆焦/千克）	13.72	13.72	12.97	12.97	13.72
	粗蛋白质（%）	18.0	16.0	18.0	16.0	20.0
	粗纤维（%）	2.9	2.7	3.3	3.1	2.8
	钙（%）	0.66	0.62	0.64	0.61	0.62
	磷（%）	0.62	0.61	0.58	0.59	0.60
	赖氨酸（%）	0.84	0.84	0.84	0.84	1.08
	蛋＋胱氨酸（%）	0.53	0.52	0.51	0.51	0.60

配方 36～40 是以玉米、豆饼、鱼粉为主的饲料配方。在能量饲料中，使用了少量的高粱和麸皮。食盐的添加量在配方 36～39 中都是 0.4%，而配方 40 因鱼粉用量较大，其添加量为 0.3%。

表 4-42　断奶仔猪的饲料配方（41～46）

	配方编号	41	42	43	44	45	46
饲料配合比例（%）	玉米	40.0	30.0	12.0	37.5	56.0	46.0
	大麦	—	—	30.0	30.0	10.0	—
	甘薯粉	—	—	—	—	3.8	10.0
	麸皮	18.0	28.0	—	5.0	2.5	4.0
	米糠	—	—	25.0	—	—	4.0
	统糠	3.0	10.0	—	—	—	—
	蚕豆	10.0	10.0	—	—	—	—
	黄豆	15.0	10.0	—	5.0	—	—
	豆粕	—	—	—	—	17.2	—
	菜籽饼	2.0	3.0	—	—	5.0	10.0
	棉籽饼	—	—	25.0	—	—	—
	向日葵饼	—	—	—	10.0	—	—
	鱼粉	—	—	5.0	10.0	5.0	6.0
	血粉	10.0	7.0	—	—	—	1.0
	肉粉	—	—	—	—	—	2.0
	脱脂蚕蛹	—	—	—	—	—	17.0
	骨粉	1.0	1.0	—	2.0	0.3	—
	四环素渣	—	—	2.0	—	—	—
	沸石	—	—	1.0	—	—	—
	添加剂	0.5	0.5	—	—	—	—
	食盐	0.5	0.5	—	0.5	0.2	—
营养成分	消化能(兆焦/千克)	12.51	11.51	11.88	13.05	13.72	13.77
	粗蛋白质(%)	23.1	20.6	20.4	24.2	18.7	25.1
	粗纤维(%)	4.2	6.4	7.8	4.6	3.5	3.0
	钙(%)	0.57	0.38	0.35	1.09	0.45	0.33
	磷(%)	0.59	0.37	0.87	0.88	0.51	0.65
	赖氨酸(%)	1.46	1.20	0.77	0.91	1.03	1.19
	蛋氨酸(%)	0.32	0.35	0.21	0.26	+0.53	0.45
	胱氨酸(%)	0.34	0.32	0.16	0.18		0.26

配方 45 适合华北地区使用，饲喂长白猪×内江猪×本地猪的杂交猪，日增重 263 克。配方 46 适用于 10～40 日龄仔猪，每 100 千克饲料中另加 0.8 千克磷酸氢钙。配方 43、配方 46 需另加食盐 0.2%。配方 43 中的棉籽饼应为无腺体、无毒或者低毒棉籽饼。

表 4-43　断奶仔猪的饲料配方（47～52）

	配方编号	47	48	49	50	51	52
饲料配合比例（%）	玉米	15.5	11.0	43.5	13.0	—	—
	小麦	28.5	21.0	—	22.0	7.8	6.2
	高粱	—	9.0	10.0	10.0	6.0	5.0
	麸皮	—	—	5.0	—	—	—
	豆饼	22.0	18.0	20.0	—	21.0	23.7
	全脂奶粉	20.0	20.0	—	15.5	—	—
	脱脂奶粉	—	—	10.0	—	53.9	59.5
	鱼粉	8.0	12.0	7.0	—	8.3	3.3
	酵母粉	4.0	4.0	2.0	20.0	—	—
	白糖	—	3.5	2.4	12.0	2.7	1.2
	碳酸钙	1.0	1.5	0.1	4.0	0.3	0.5
	磷酸钙	1.0	—	—	3.5	—	0.6
营养成分	消化能(兆焦/千克)	14.98	14.81	12.93	12.51	12.59	12.43
	粗蛋白质(%)	24.6	24.8	21.1	16.7	31.9	31.3
	粗纤维(%)	3.8	3.2	2.6	2.4	3.2	3.4
	钙(%)	1.12	1.44	0.57	2.89	1.33	1.46
	磷(%)	0.65	0.75	0.56	1.10	0.75	0.73
	赖氨酸(%)	1.58	1.63	1.18	0.99	2.26	2.26
	蛋氨酸(%)	0.43	0.45	0.34	0.47	0.68	0.67
	胱氨酸(%)	0.42	0.40	0.28	0.58	0.34	0.41

配方 47、配方 48、配方 50 使用 20% 以上的小麦。小麦的蛋白质含量较玉米高，必需氨基酸组成比较好。配方 47～52 另加适量食盐。

表 4-44 断奶仔猪的饲料配方（43～56）

	配方编号	53	54	55	56
饲料配合比例（%）	玉米	48.0	40.5	21.0	42.0
	大麦	10.0	25.0	—	—
	小麦	—	—	8.0	—
	高粱	—	—	30.0	—
	麸皮	3.0	—	5.0	10.0
	槐叶粉	—	2.5	—	—
	豌豆	10.0	—	—	10.0
	蚕豆	—	—	—	10.0
	黄豆	—	—	5.0	—
	豆饼	—	14.0	25.0	—
	花生饼	10.0	10.0	—	22.0
	鱼粉	—	6.0	5.0	—
	蚕蛹粉	16.0	—	—	3.0
	骨粉	—	0.7	—	—
	贝壳粉	—	—	0.8	—
	磷酸氢钙	2.0	—	—	1.5
	碳酸氢钙	0.5	—	—	1.0
	微量元素添加剂	—	0.4	—	—
	维生素添加剂	—	0.4	—	—
	食盐	0.5	0.5	0.2	0.5
营养成分	消化能（兆焦/千克）	13.22	13.22	12.72	13.14
	粗蛋白质（%）	25.6	19.5	18.6	21.3
	粗纤维（%）	2.3	3.0	2.6	3.6
	钙（%）	0.78	0.53	0.41	0.88
	磷（%）	0.76	0.64	0.44	0.70
	赖氨酸（%）	1.21	1.07	0.95	0.91
	蛋氨酸＋胱氨酸（%）	1.09	0.36	0.54	0.89

配方 53 用于内江仔猪，日增重 520 克。配方 54 用于杂种仔猪，日增重 546 克。配方 55 用高粱、小麦代替部分玉米。

表 4-45　断奶仔猪的饲料配方（57～62）

	配方编号	57	58	59	60	61	62
饲料配合比例（%）	玉　米	20.0	15.0	12.0	10.0	5.0	—
	碎　米	38.0	42.0	40.0	42.0	50.0	45.0
	稻　谷	—	—	10.0	7.0	5.0	11.0
	菜籽粕	5.0	4.0	5.0	6.0	5.0	4.0
	肉骨粉	14.0	12.0	10.0	10.0	10.0	12.0
	蚕蛹粉	6.0	5.0	5.0	7.0	8.0	6.0
	细米糠	10.0	15.0	11.0	11.0	10.0	15.0
	青饲料	4.0	4.0	4.0	4.0	4.0	4.0
	骨　粉	2.0	2.0	2.0	2.0	2.0	2.0
	添加剂	0.7	0.7	0.7	0.7	0.7	0.7
	食　盐	0.3	0.3	0.3	0.3	0.3	0.3
营养成分	消化能(兆焦/千克)	13.31	13.20	12.80	13.10	13.22	12.30
	粗蛋白质(%)	19.7	18.3	17.3	18.8	19.0	18.8
	粗纤维(%)	1.9	2.0	2.6	2.5	2.2	2.8
	钙(%)	1.4	1.3	1.2	1.2	1.2	1.3
	磷(%)	0.9	0.9	0.8	0.8	0.8	0.9
	赖氨酸(%)	0.96	0.89	0.83	0.93	0.96	0.94
	蛋氨酸(%)	0.41	0.38	0.36	0.43	0.44	0.40
	胱氨酸(%)	0.24	0.23	0.22	0.24	0.24	0.23

配方 57～62 采用菜籽粕、肉骨粉和蚕蛹粉代替鱼粉。

表 4-46　断奶仔猪的饲料配方（63～67）

	配方编号	63	64	65	66	67
饲料配合比例（%）	玉　米	45.0	40.0	50.0	55.0	60.0
	次　粉	20.0	25.0	13.0	10.0	5.0
	肉骨粉	12.0	13.0	10.0	10.0	10.0
	饲料酵母粉	6.0	6.0	10.0	10.0	10.0
	棉籽粕	5.0	5.0	5.0	5.0	5.0
	粉　渣	9.0	8.0	9.0	7.0	7.0
	骨　粉	2.0	2.0	2.0	2.0	2.0
	添加剂	0.7	0.7	0.7	0.7	0.7
	食　盐	0.3	0.3	0.3	0.3	0.3
营养成分	消化能(兆焦/千克)	12.81	12.93	12.91	13.18	13.20
	粗蛋白质(%)	17.5	18.1	17.9	18.0	17.9
	粗纤维(%)	2.3	2.3	2.5	2.5	2.5
	钙(%)	1.38	1.44	1.31	1.30	1.31
	磷(%)	0.80	0.82	0.77	0.78	0.78
	赖氨酸(%)	0.80	0.84	0.89	0.89	0.89
	蛋氨酸(%)	0.25	0.25	0.27	0.27	0.27
	胱氨酸(%)	0.26	0.27	0.27	0.27	0.26

配方 63～67 采用肉骨粉、饲料酵母粉和棉籽粕代替鱼粉。

表 4-47　断奶仔猪的饲料配方（68～72）

	配方编号	68	69	70	71	72
饲料配合比例（%）	玉米	35.0	30.0	20.0	10.0	—
	碎米	30.0	38.0	40.0	50.0	60.0
	稻谷	—	—	5.0	5.0	4.0
	菜籽粕	4.0	4.0	5.0	5.0	5.0
	棉籽粕	4.0	3.0	3.0	5.0	5.0
	豆粕	11.0	10.0	10.0	10.0	10.0
	肠衣粉	6.0	5.0	7.0	6.0	7.0
	细米糠	3.0	3.0	3.0	2.0	2.0
	青饲料	2.7	2.7	2.7	2.7	2.7
	骨粉	3.0	3.0	3.0	3.0	3.0
	食盐	0.3	0.3	0.3	0.3	0.3
	添加剂	1.0	1.0	1.0	1.0	1.0
营养成分	消化能(兆焦/千克)	12.46	12.30	12.48	12.19	12.18
	粗蛋白质(%)	18.2	16.6	18.6	18.2	18.9
	粗纤维(%)	2.5	2.2	2.6	2.7	2.4
	钙(%)	1.01	1.01	1.03	1.03	1.04
	磷(%)	0.71	0.69	0.70	0.69	0.70
	赖氨酸(%)	0.78	0.72	0.80	0.79	0.83
	蛋氨酸(%)	0.24	0.23	0.24	0.24	0.24
	胱氨酸(%)	0.36	0.32	0.39	0.36	0.39

配方 68～72 采用肠衣粉代替鱼粉，肠衣粉粗蛋白质含量在 65% 以上，是一种新开发的动物性蛋白质饲料资源。

表 4-48 断奶仔猪的饲料配方（73～77）

	配方编号	73	74	75	76	77
饲料配合比例（%）	玉米	60.0	50.0	33.0	13.0	—
	麸皮	10.0	8.0	—	—	—
	碎米	—	10.0	30.0	50.0	65.0
	细米糠	—	—	8.0	8.0	5.0
	菜籽粕	5.0	4.0	5.0	5.0	5.0
	棉籽粕	5.0	4.0	2.0	2.0	4.0
	豆粕	7.0	10.0	8.0	7.0	8.0
	粉浆蛋白粉	5.0	6.0	7.0	8.0	6.0
	青饲料	3.7	3.7	2.7	2.7	2.7
	骨粉	3.0	3.0	3.0	3.0	3.0
	添加剂	1.0	1.0	1.0	1.0	1.0
	食盐	0.3	0.3	0.3	0.3	0.3
营养成分	消化能（兆焦/千克）	12.82	12.49	12.58	12.00	12.21
	粗蛋白质（%）	16.8	17.3	17.0	17.1	16.9
	粗纤维（%）	3.4	3.0	2.8	2.5	2.5
	钙（%）	0.95	0.96	0.96	0.96	0.97
	磷（%）	0.74	0.71	0.74	0.74	0.71
	赖氨酸（%）	0.76	0.83	0.84	0.87	0.84
	蛋氨酸（%）	0.20	0.20	0.20	0.20	0.21
	胱氨酸（%）	0.23	0.22	0.23	0.24	0.24

配方 73～77 采用粉浆蛋白粉代替鱼粉。粉浆蛋白粉粗蛋白质含量在 65% 以上，赖氨酸含量高于鱼粉，是喂猪的好饲料。但粉浆蛋白粉因各厂家生产工艺不同，其适口性不同，采用时请注意。

表 4-49 断奶仔猪的饲料配方（78 ~ 80）

	配方编号	78	79	80
饲料配合比例（%）	玉米	63.8	67.1	63.6
	豆粕	—	26.6	22.5
	膨化大豆	22.5	—	—
	麦麸	6.0	0.5	2.0
	猪油	—	—	2.0
	鱼粉	5.0	2.0	4.0
	乳清粉	—	—	3.0
	磷酸氢钙	1.4	1.5	1.0
	石粉	0.2	0.8	0.8
	赖氨酸	—	0.2	0.3
	添加剂	1.0	1.0	0.5
	食盐	0.1	0.3	0.3
营养成分	消化能(兆焦/千克)	13.60	13.38	14.36
	粗蛋白质(%)	18.0	18.3	18.8
	粗纤维(%)	2.3	2.0	1.8
	钙(%)	0.73	0.80	0.84
	磷(%)	0.71	0.65	0.59
	赖氨酸(%)	0.97	1.0	1.05
	蛋氨酸(%)	0.29	0.34	0.31
	胱氨酸(%)	0.30	0.30	0.32
	苏氨酸(%)	0.73	0.70	0.74

配方 78 ~ 90 为本次修订新增加的配方。

使用配方 78 时，仔猪应在 3 日龄每头注射补铁制剂“富铁力” 1 毫升，35 日龄断奶。

配方 79 中的添加剂，可用维生素添加剂配方 10、微量元素添加剂配方 21。

配方 80 中的添加剂，可用维生素添加剂配方 13、微量元素添加剂配方 23。多种维生素用量占风干料 0.03%，另加氯化胆碱 0.05%、抗生素 0.01%。

表 4-50 断奶仔猪的饲料配方（81～83）

	配方编号	81	82	83
饲料配合比例（%）	玉米	53.0	58.7	50.3
	麦麸	4.0	5.0	—
	豆粕	23.0	25.5	25.7
	膨化大豆	4.0	—	—
	乳清粉	5.0	2.0	15.0
	鱼粉	5.0	5.0	4.0
	豆油	3.0	1.0	3.0
	磷酸氢钙	0.8	0.8	1.0
	石粉	1.0	0.75	0.4
	赖氨酸	0.18	—	—
	添加剂	0.72	1.0	0.3
	食盐	0.3	0.25	0.3
营养成分	消化能（兆焦/千克）	14.10	13.56	15.34
	粗蛋白质（%）	19.4	20.0	20.0
	粗纤维（%）	2.7	2.3	1.8
	钙（%）	0.86	0.76	0.81
	磷（%）	0.65	0.65	0.67
	赖氨酸（%）	1.18	1.35	1.20
	蛋氨酸（%）	0.31	0.35	0.38
	胱氨酸（%）	0.33	0.32	0.34
	苏氨酸（%）	0.84	0.84	0.85

配方 81 适用于华南地区。本配方通过试验，喂前将玉米粉用 90℃，47% 水糊化处理 28 分钟后，再加其他饲料，可以提高断奶仔猪对淀粉的消化和吸收利用。添加剂可用维生素添加剂配方 11、微量元素添加剂配方 22。

配方 82 每吨饲料中加 1500 克耐热酵母粉，有助于提高生产性能，降低腹泻率和提高机体细胞免疫水平。还可以代替金霉素的使用效果。添加剂可用维生素添加剂配方 12、微量元素添加剂配方 22。

表 4-51　断奶仔猪的饲料配方 (84～87)

	配方编号	84	85	86	87
饲料配合比例(%)	玉　米	57.2	57.3	57.2	57.2
	豆　粕	31.0	31.0	31.0	31.0
	乳清粉	2.0	2.0	2.0	2.0
	猪　油	2.0	2.0	2.0	2.0
	磷酸二氢钾	1.1	1.1	1.1	1.1
	石　粉	1.1	1.3	1.5	1.7
	细　沙	0.6	0.3	0.2	—
	添加剂	5.0	5.0	5.0	5.0
营养成分	消化能(兆焦/千克)	13.81	13.81	13.81	13.81
	粗蛋白质(%)	19.0	19.0	19.0	19.0
	粗纤维(%)	2.1	2.1	2.1	2.1
	钙(%)	0.57	0.68	0.74	0.80
	磷(%)	0.58	0.58	0.58	0.58
	赖氨酸(%)	1.08	1.08	1.08	1.08
	蛋+胱氨酸(%)	0.58	0.58	0.58	0.58
	苏氨酸(%)	0.77	0.77	0.77	0.77

配方 84～87 为断奶仔猪钙需要量的试验配方。通过试验说明仔猪适宜钙水平应为 0.74%，但对仔猪最大增长需要在 0.57% 就够了。通过试验生化指标，说明饲料中钙、磷比例不恰当，钙水平过高或者过低都会影响钙和磷的吸收利用，并影响骨骼发育。所以在配制饲料时要注意钙、磷比例是否合适。

配方 84～87 平均日增重分别为 546 克，556 克，543 克，551 克。添加剂可用维生素添加剂配方 14、微量元素添加剂配方 24。

表 4-52　断奶仔猪的饲料配方（88～90）

	配方编号	88	89	90
饲料配合比例（%）	玉米	58.18	58.19	58.18
	豆粕	31.0	31.0	31.0
	乳清粉	2.0	2.0	2.0
	猪油	1.0	1.0	1.0
	磷酸二氢钾	0.88	1.09	1.32
	石粉	1.5	1.5	1.5
	细沙	0.44	0.22	—
	添加剂	5.0	5.0	5.0
营养成分	消化能（兆焦/千克）	13.39	13.39	13.39
	粗蛋白质（%）	18.4	18.4	18.4
	粗纤维（%）	2.1	2.1	2.1
	钙（%）	0.7	0.7	0.7
	磷（%）	0.53	0.58	0.63
	有效磷（%）	0.31	0.36	0.41
	赖氨酸（%）	1.08	1.08	1.08
	蛋+胱氨酸（%）	0.56	0.56	0.56
	苏氨酸（%）	0.78	0.78	0.78

配方 88～90 为仔猪有效磷需要量的试验。结果表明随着有效磷水平升高，仔猪平均日增重显著提高。通过生化指标表明：仔猪有效磷需要量在 0.36%，总磷 0.58%，钙、磷比例 1.21：1，钙、有效磷比例 1.94：1。平均日增重分别为 401 克，418 克，438 克。添加剂可用维生素添加剂配方 14、微量元素添加剂配方 21。

四、后备猪的饲料配方

（一）后备种公猪的饲料配方（1～10）

后备种公猪的饲料配方见表4-53和表4-54。

表4-53　后备种公猪的饲料配方（1～6）

	配方编号	1	2	3	4	5	6
饲料配合比例(%)	玉米	45.0	40.0	67.7	72.6	68.0	63.0
	大麦	26.0	33.0	—	—	—	—
	麸皮	8.0	7.0	15.0	15.0	15.0	10.0
	草粉	5.0	2.0	4.0	4.0	4.0	4.0
	豆饼	—	—	11.0	6.0	11.0	21.0
	向日葵饼	10.0	10.0	—	—	—	—
	鱼粉	6.0	8.0	—	—	—	—
	赖氨酸	—	—	0.2	0.3	—	—
	蛋氨酸	—	—	0.1	0.1	—	—
	贝壳粉	—	—	1.5	1.5	1.5	1.5
	食盐	—	—	0.5	0.5	0.5	0.5
营养成分	消化能(兆焦/千克)	12.46	12.84	12.84	12.89	12.84	12.97
	粗蛋白质(%)	15.1	16.2	13.0	11.5	13.0	16.0
	粗纤维(%)	6.1	5.5	3.6	3.5	2.2	2.6
	钙(%)	0.94	1.01	0.64	0.63	0.64	0.67
	磷(%)	0.77	0.82	0.42	0.41	0.42	0.41
	赖氨酸(%)	0.67	0.74	0.76	0.60	0.60	0.88
	蛋氨酸(%)	0.36	0.38	0.28	0.27	0.10	0.13
	胱氨酸(%)	0.21	0.22	0.15	0.13	0.12	0.16

配方1～6适用于35～60千克体重的公猪。配方3日增重为574克；配方4日增重为575克；配方5日增重为537克。

表 4-54　后备种公猪的饲料配方（7～10）

配方编号		7	8	9	10
饲料配合比例（%）	玉米	60.0	65.0	65.0	70.0
	麸皮	10.0	15.0	15.0	15.0
	豆饼	25.0	15.0	15.0	10.0
	秣食豆草粉	3.0	3.0	3.0	3.0
	赖氨酸	—	—	0.2	0.3
	蛋氨酸	—	—	0.1	0.1
	贝壳粉	1.5	1.5	1.2	1.1
	食盐	0.5	0.5	0.5	0.5
营养成分	消化能（兆焦/千克）	12.97	12.89	12.89	12.89
	粗蛋白质（%）	16.8	13.8	14.0	12.5
	粗纤维（%）	3.5	3.6	3.6	3.5
	钙（%）	0.63	0.60	0.60	0.60
	磷（%）	0.38	0.38	0.38	0.38
	赖氨酸（%）	0.82	0.64	0.84	0.83
	蛋氨酸（%）	0.19	0.19	0.19	0.18
	胱氨酸（%）	0.19	0.16	0.16	0.15

配方 7～10 适用于 20～35 千克重的小公猪，日喂 3 次，干湿喂，按体重 5% 给料。日增重：配方 7 为 518 克；配方 8 为 468 克；配方 9 为 546 克；配方 10 为 513 克。

（二）后备母猪的饲料配方（1~44）

后备母猪的饲料配方见表 4-55 至表 4-62。

表 4-55　后备种公猪的饲料配方（1~6）

	配方编号	1	2	3	4	5	6
饲料配合比例(%)	玉米	2.0	7.0	—	2.0	—	—
	三等粉	41.0	36.5	40.3	34.0	23.0	16.0
	碎米	—	—	—	29.0	30.0	31.0
	麸皮	30.0	31.0	31.0	14.3	19.3	21.3
	二八统糠	14.4	13.6	17.0	—	10.0	14.0
	豆饼	4.0	3.5	4.7	15.0	10.0	9.0
	鱼粉	8.0	8.0	6.0	5.0	4.0	8.0
	血粉	—	—	—	—	3.0	—
	贝壳粉	0.5	0.3	0.8	0.5	0.5	0.5
	食盐	0.1	0.1	0.2	0.2	0.2	0.2
营养成分	消化能(兆焦/千克)	11.30	11.42	10.92	12.89	11.67	10.88
	粗蛋白质(%)	16.6	16.4	15.6	17.1	16.0	16.4
	粗纤维(%)	8.3	8.1	11.1	2.6	6.1	7.6
	钙(%)	0.77	0.68	0.79	0.56	0.55	0.69
	磷(%)	0.67	0.63	0.62	0.55	0.52	0.62
	赖氨酸(%)	0.74	0.85	0.67	0.55	0.62	0.61
	蛋氨酸(%)	0.25	0.26	0.23	0.23	0.21	0.20
	胱氨酸(%)	0.30	0.29	0.30	0.31	0.29	0.27

日增重：配方 1 为 457 克；配方 2 为 403 克；配方 3 为 321 克；配方 4 为 500 克；配方 5 为 484 克；配方 6 为 333 克。

配方 1~6 为小麦三等粉型的配合饲料，用小麦粉时可以减少饼粕等蛋白质饲料的用量。小麦粉的粗蛋白质、可消化养分都比较好，猪也喜欢吃。

表 4-56　母猪的饲料配方（7～11）

	配方编号	7	8	9	10	11
饲料配合比例（%）	次面粉	34.0	27.0	18.0	23.0	15.0
	碎米	29.0	27.0	27.0	30.0	22.0
	麸皮	14.3	20.3	22.7	19.3	22.7
	二八统糠	1.0	6.0	10.0	10.0	21.0
	豆饼	15.0	12.0	—	10.0	—
	花生饼	—	—	17.0	—	14.0
	鱼粉	5.0	7.0	4.0	4.0	4.0
	血粉	1.0	—	—	3.0	—
	贝壳粉	0.5	0.5	1.0	0.5	1.0
	食盐	0.2	0.2	0.3	0.2	0.3
营养成分	消化能（兆焦/千克）	12.89	12.13	11.72	11.67	10.46
	粗蛋白质（%）	17.1	17.4	16.8	16.0	15.3
	粗纤维（%）	2.9	4.9	5.9	6.1	9.6
	钙（%）	0.56	0.66	0.60	0.55	0.62
	磷（%）	0.55	0.65	0.60	0.52	0.62
	赖氨酸（%）	0.55	0.59	0.87	0.60	0.78
	蛋氨酸（%）	0.22	0.22	0.26	0.21	0.22
	胱氨酸（%）	0.32	0.30	0.30	0.29	0.28

日增重：配方 7 为 408 克；配方 8 为 235 克；配方 9 为 295 克；配方 10 为 392 克；配方 11 为 233 克。配方 7～11 为次粉与碎米为主的配合饲料。碎米适口性好，能量含量高，粗蛋白质仅低于玉米。目前碎米作为能量饲料在我国南方稻区已广泛应用。

表 4-57 后备母猪的饲料配方（12-17）

	配方编号	12	13	14	15	16	17
饲料配合比例（%）	玉米	40.0	40.0	30.0	30.0	30.0	25.0
	麸皮	18.0	25.0	30.0	30.0	23.0	30.0
	统糠	10.0	11.0	18.0	22.0	23.0	26.0
	蚕豆	10.0	12.0	12.0	6.0	15.0	10.0
	黄豆	5.0	—	—	—	—	—
	菜籽饼	15.0	10.0	8.0	10.0	7.0	7.0
	骨粉	1.0	1.0	1.0	1.0	1.0	1.0
	添加剂	0.5	0.5	0.5	0.5	0.5	0.5
	食盐	0.5	0.5	0.5	0.5	0.5	0.5
营养成分	消化能(兆焦/千克)	11.55	11.26	10.46	9.96	10.00	9.58
	粗蛋白质(%)	14.6	13.4	13.0	12.2	12.5	12.0
	粗纤维(%)	9.1	8.8	11.1	12.1	12.2	13.3
	钙(%)	0.59	0.61	0.60	0.61	0.60	0.60
	磷(%)	0.36	0.34	0.34	0.34	0.34	0.33
	赖氨酸(%)	0.73	0.63	0.60	0.54	0.58	0.49
	蛋氨酸(%)	0.30	0.28	0.31	0.34	0.29	0.33
	胱氨酸(%)	0.35	0.26	0.26	0.23	0.27	0.25

配方 12 ~ 17 中菜籽饼应为无毒或者低毒菜籽品种。

表 4-58 后备母猪的饲料配方（18～23）

	配方编号	18	19	20	21	22	23
饲料配合比例（%）	玉米	35.0	25.0	18.0	15.0	15.0	13.0
	次粉	20.0	30.0	38.3	38.0	38.0	40.0
	麸皮	23.0	23.0	23.0	23.0	23.0	23.0
	二八统糠	4.7	4.7	6.5	9.7	9.7	11.6
	豆饼	5.0	8.0	3.7	4.0	5.0	2.0
	鱼粉	12.0	9.0	10.0	10.0	9.0	10.0
	贝壳粉	0.3	0.3	0.5	0.3	0.3	0.4
营养成分	消化能（兆焦/千克）	12.72	12.68	12.43	12.09	12.09	11.88
	粗蛋白质（%）	18.3	17.9	17.3	17.3	17.0	16.7
	粗纤维（%）	4.8	4.8	5.1	6.1	6.1	6.6
	钙（%）	0.38	0.71	0.81	0.76	0.72	0.80
	磷（%）	0.74	0.63	0.67	0.66	0.61	0.67
	赖氨酸（%）	0.44	0.90	0.83	0.39	0.89	0.77
	蛋氨酸（%）	0.29	0.27	0.27	0.27	0.26	0.26
	胱氨酸（%）	0.24	0.27	0.27	0.27	0.28	0.27

配方 18～23 需另加食盐 0.4%。配方 18 用时建议减少 2% 麸皮，将贝壳粉加至 2.3%，可以补足钙含量不足。

表 4-59　后备母猪的饲料配方（24～28）

	配方编号	24	25	26	27	28
饲料配合比例（%）	玉米	60.0	50.0	20.0	10.0	—
	碎米	—	15.0	44.0	56.0	62.0
	麸皮	10.0	5.0	5.0	—	—
	菜籽粕	5.0	5.0	5.0	5.0	5.0
	豆粕	6.0	5.0	4.0	5.0	6.0
	肠衣粉	5.0	6.0	7.0	7.0	7.0
	细米糠	5.0	5.0	6.0	8.0	12.0
	青饲料	5.7	5.7	5.7	5.7	4.7
	骨粉	2.0	2.0	2.0	2.0	2.0
	添加剂	1.0	1.0	1.0	1.0	1.0
	食盐	0.3	0.3	0.3	0.3	0.3
营养成分	消化能(兆焦/千克)	12.53	12.57	12.44	12.29	12.29
	粗蛋白质(%)	15.2	15.2	15.7	15.9	16.5
	粗纤维(%)	2.8	2.4	2.0	1.8	1.9
	钙(%)	0.70	0.70	0.72	0.72	0.73
	磷(%)	0.60	0.62	0.63	0.61	0.65
	赖氨酸(%)	0.62	0.62	0.66	0.68	0.73
	蛋氨酸(%)	0.21	0.21	0.22	0.23	0.24
	胱氨酸(%)	0.32	0.34	0.38	0.38	0.39

配方 24～28 都使用了一些近年来新开发出的蛋白质资源饲料肠衣粉。经几年使用，效果很好。

表 4-60 后备母猪的饲料配方（29～33）

	配方编号	29	30	31	32	33
饲料配合比例（%）	玉米	35.0	40.0	45.0	50.0	58.0
	次面粉	30.0	20.0	15.0	10.0	—
	肉骨粉	7.0	8.0	8.0	8.0	9.0
	饲料酵母粉	7.0	6.0	6.0	5.0	6.0
	棉籽粕	5.0	5.0	5.0	5.0	5.0
	啤酒糟	6.0	9.0	9.0	10.0	10.0
	粉渣	8.0	10.0	10.0	10.0	10.0
	骨粉	1.0	1.0	1.0	1.0	1.0
	添加剂	0.6	0.6	0.6	0.6	0.6
	食盐	0.4	0.4	0.4	0.4	0.4
营养成分	消化能(兆焦/千克)	12.27	11.62	11.64	11.50	11.55
	粗蛋白质(%)	15.6	15.2	15.1	14.6	15.2
	粗纤维(%)	2.4	2.4	2.4	2.4	2.4
	钙(%)	0.83	0.87	0.86	0.85	0.91
	磷(%)	0.66	0.67	0.67	0.66	0.69
	赖氨酸(%)	0.72	0.70	0.69	0.65	0.70
	蛋氨酸(%)	0.22	0.22	0.22	0.22	0.24
	胱氨酸(%)	0.28	0.26	0.25	0.24	0.23

配方 29～33 采用了肉骨粉、饲料酵母粉代替鱼粉。另外，采用了一些啤酒糟、粉渣，这两种饲料可湿喂。

表 4-61　后备母猪的饲料配方（34～39）

	配方编号	40	41	42	43	44
饲料配合比例（%）	玉　米	65.0	40.0	22.0	12.0	—
	麸　皮	13.0	—	—	—	—
	碎　米	—	27.0	45.0	55.0	65.0
	细米糠	—	10.0	11.0	12.0	15.0
	菜籽粕	3.0	5.0	4.0	4.0	5.0
	棉籽粕	3.0	—	—	2.0	—
	豆　粕	4.0	6.0	5.0	3.0	4.0
	粉浆蛋白粉	5.0	5.0	6.0	6.0	5.0
	青饲料	2.7	2.7	2.7	1.7	1.7
	骨　粉	3.0	3.0	3.0	3.0	3.0
	添加剂	1.0	1.0	1.0	1.0	1.0
	食　盐	0.3	0.3	0.3	0.3	0.3
营养成分	消化能(兆焦/千克)	11.91	12.71	12.56	12.68	12.68
	粗蛋白质(%)	13.5	14.9	15.0	15.1	14.8
	粗纤维(%)	2.5	2.7	2.5	2.6	2.5
	钙(%)	0.95	0.95	0.96	0.97	0.97
	磷(%)	0.62	0.65	0.67	0.67	0.70
	赖氨酸(%)	0.65	0.59	0.75	0.75	0.74
	蛋氨酸(%)	0.18	0.20	0.20	0.20	0.21
	胱氨酸(%)	0.22	0.21	0.22	0.23	0.23

配方 34～39 采用肉骨粉和蚕蛹粉代替鱼粉。

表 4-62　后备母猪的饲料配方（40～44）

	配方编号	40	41	42	43	44
饲料配合比例（%）	玉米	65.0	40.0	22.0	12.0	—
	麸皮	13.0	—	—	—	—
	碎米	—	27.0	45.0	55.0	65.0
	细米糠	—	10.0	11.0	12.0	15.0
	菜籽粕	3.0	5.0	4.0	4.0	5.0
	棉籽粕	3.0	—	—	2.0	—
	豆粕	4.0	6.0	5.0	3.0	4.0
	粉浆蛋白粉	5.0	5.0	6.0	6.0	5.0
	青饲料	2.7	2.7	2.7	1.7	1.7
	骨粉	3.0	3.0	3.0	3.0	3.0
	添加剂	1.0	1.0	1.0	1.0	1.0
	食盐	0.3	0.3	0.3	0.3	0.3
营养成分	消化能（兆焦/千克）	11.91	12.71	12.56	12.68	12.68
	粗蛋白质（%）	13.5	14.9	15.0	15.1	14.8
	粗纤维（%）	2.5	2.7	2.5	2.6	2.5
	钙（%）	0.95	0.95	0.96	0.97	0.97
	磷（%）	0.62	0.65	0.67	0.67	0.70
	赖氨酸（%）	0.65	0.59	0.75	0.75	0.74
	蛋氨酸（%）	0.18	0.20	0.20	0.20	0.21
	胱氨酸（%）	0.22	0.21	0.22	0.23	0.23

配方 40～44 采用粉浆蛋白粉代替鱼粉。

五、生长肥育猪的饲料配方

(一) 20～35 千克体重生长肥育猪的饲料配方(1～140)

20～35 千克体重生长肥育猪的饲料配方见表 4-63 至表 4-87。

表 4-63 20～35 千克体重生长肥育猪的饲料配方(1～6)

	配方编号	1	2	3	4	5	6
饲料配合比例(%)	玉米	—	21.5	20.0	52.0	35.0	19.5
	大麦	10.0	—	—	—	—	—
	高粱	—	—	—	10.0	20.0	5.7
	荞麦	10.0	—	—	—	—	—
	糜子	15.0	—	—	—	—	—
	甘薯粉	—	22.5	37.0	—	—	—
	麸皮	15.0	5.0	5.0	10.0	20.0	17.0
	混合糠	—	—	—	—	—	30.0
	草粉	20.0	35.0	20.0	—	—	—
	豌豆	20.0	—	—	—	—	—
	豆饼	—	16.0	18.0	26.0	23.0	16.0
	胡麻饼	10.0	—	—	—	—	—
	玉米脐饼	—	—	—	—	—	10.0
	骨粉	—	—	—	—	—	1.2
	微量元素添加剂	—	—	—	1.5	1.5	0.3
	食盐	—	—	—	0.5	0.5	0.3
营养成分	消化能(兆焦/千克)	11.00	10.71	11.96	12.88	12.76	11.75
	粗蛋白质(%)	16.2	13.2	13.0	17.0	17.5	16.1
	粗纤维(%)	5.0	11.6	7.9	3.3	3.9	5.2
	钙(%)	0.19	0.20	0.17	0.71	0.75	0.51
	磷(%)	0.42	0.24	0.25	0.44	0.61	0.59
	赖氨酸(%)	0.69	0.58	0.60	0.81	0.77	0.72
	蛋氨酸(%)	0.27	0.18	0.19	0.20	0.24	0.29
	胱氨酸(%)	0.22	0.23	0.28	0.20	0.20	0.21

配方 1～30 为无鱼粉饲料配方。这些配方选用了一些农产品,

用饼粕调整粗蛋白质含量，可以因地制宜，设计简单，生产方便。配方1、配方2能量偏低。配方2、配方3粗蛋白质偏低，最好用发酵后的草粉，不但可以提高粗蛋白质含量，还可减少粗纤维。配方1、配方2、配方3需另加食盐0.3%。

表4-64　20～35千克体重生长肥育猪的饲料配方（7～12）

	配方编号	7	8	9	10	11	12
饲料配合比例（%）	玉　米	61.0	63.0	40.0	43.0	65.0	55.0
	高　粱	5.0	5.0	8.5	5.0	—	—
	麸　皮	8.0	5.0	13.0	10.0	8.5	7.0
	米　糠	—	—	10.0	8.5	—	—
	草　粉	—	—	4.0	2.0	—	—
	黑　豆	—	—	13.0	20.0	—	—
	豆　饼	—	4.0	—	—	25.0	15.0
	豆　粕	20.0	18.0	—	—	—	—
	向日葵饼	3.0	2.0	10.0	10.0	—	5.0
	玉米胚芽饼	—	—	—	—	—	15.0
	骨　粉	1.0	1.0	1.0	1.0	—	0.5
	贝壳粉	1.5	1.5	—	—	1.0	2.0
	食　盐	0.5	0.5	0.5	0.5	0.5	0.5
营养成分	消化能(兆焦/千克)	13.72	13.72	12.97	13.43	14.02	13.05
	粗蛋白质(%)	16.0	16.0	15.7	17.3	17.4	15.8
	粗纤维(%)	3.7	3.4	6.4	5.7	2.6	4.0
	钙(%)	0.99	0.99	0.45	0.46	0.76	0.60
	磷(%)	0.44	0.44	0.60	0.58	0.46	0.55
	赖氨酸(%)	0.72	0.74	0.69	0.82	0.54	0.74
	蛋氨酸(%)	0.22	0.19	0.42	0.41	+0.56	0.23
	胱氨酸(%)	0.19	0.19	0.16	0.15		0.26

配方11试用于哈白猪，日增重477克。

表 4-65　20～35 千克体重生长肥育猪的饲料配方（13～18）

	配方编号	13	14	15	16	17	18
饲料配合比例（%）	玉米	26.0	28.0	52.0	35.0	60.4	56.0
	高粱	15.0	11.0	6.0	12.0	10.0	9.0
	高粱糁	—	—	—	10.0	—	—
	高粱糠	12.0	11.0	7.0	—	—	—
	麸皮	20.0	20.0	8.0	20.0	5.0	11.0
	玉米秸粉	1.5	5.0	—	—	—	—
	豆饼	15.0	15.0	17.0	22.0	23.0	17.0
	菜籽饼	9.0	9.0	9.0	—	—	5.7
	骨粉	0.9	0.5	0.5	0.5	—	0.3
	贝壳粉	—	—	—	—	1.2	—
	石粉	—	—	—	—	—	0.8
	食盐	0.6	0.5	0.5	0.5	0.4	0.2
营养成分	消化能(兆焦/千克)	12.34	12.13	13.56	12.55	13.56	13.18
	粗蛋白质(%)	16.8	16.6	16.6	16.7	15.8	15.8
	粗纤维(%)	7.5	8.6	6.2	5.4	4.6	4.3
	钙(%)	0.57	0.44	0.39	0.28	0.50	0.41
	磷(%)	0.54	0.53	0.44	0.55	0.38	0.43
	赖氨酸(%)	0.85	0.84	0.91	0.83	0.78	0.71
	蛋＋胱氨酸(%)	0.55	0.55	0.58	0.23	0.59	0.63

配方 14～17 试用于杂种猪，配方 14 日增重 457 克；配方 15 日增重 492 克；配方 16 日增重 451 克；配方 17 日增重 581 克，是东北地区典型日粮。配方 18 试用于大约克夏猪×太原花杂种猪，日增重 494 克。

表 4-66　20～35 千克体重生长肥育猪的饲料配方（19～24）

	配方编号	19	20	21	22	23	24
饲料配合比例（%）	玉米	61.5	63.5	61.1	63.0	56.0	63.0
	高粱	5.0	5.0	6.0	8.0	6.0	3.0
	高粱糁	—	—	—	—	—	2.0
	麸皮	8.0	5.0	9.0	9.0	7.5	7.0
	谷糠	—	—	3.5	4.0	3.0	—
	豆饼	20.0	4.0	4.0	2.0	10.0	24.0
	豆粕	—	18.0	—	—	—	—
	向日葵饼	3.0	2.0	8.5	7.5	9.5	—
	菜籽饼	—	—	6.5	5.0	6.5	—
	骨粉	1.0	1.0	—	—	—	0.5
	贝壳粉	1.0	1.0	—	—	—	—
	微量元素添加剂	—	—	1.2	1.3	1.3	—
	食盐	0.5	0.5	0.2	0.2	0.2	0.5
营养成分	消化能(兆焦/千克)	13.26	13.31	12.97	12.97	12.97	13.64
	粗蛋白质(%)	15.7	16.6	14.4	13.0	16.7	16.9
	粗纤维(%)	3.6	3.3	5.2	4.8	5.4	3.1
	钙(%)	0.75	0.74	0.44	0.42	0.45	0.25
	磷(%)	0.53	0.52	0.39	0.38	0.52	0.43
	赖氨酸(%)	0.77	0.86	0.51	0.44	0.64	0.85
	蛋+胱氨酸(%)	0.63	0.64	0.75	0.70	0.81	0.55

配方 21 试用于约克夏猪×长白猪×山西本地猪三元杂交猪，日增重 435 克，是山西地方常用配方。配方 22、配方 23、配方 24 试用于杂种猪，日增重分别为 416 克、435 克、462 克。

表 4-67 20~35 千克体重生长肥育猪的饲料配方（25~30）

	配方编号	25	26	27	28	29	30
饲料配合比例（%）	玉米	66.0	58.0	56.0	37.7	53.0	40.2
	高粱	10.0	5.0	—	—	—	16.2
	三七统糠	—	—	—	13.0	6.5	—
	麸皮	5.0	12.0	20.5	33.0	20.0	22.5
	槐叶粉	—	5.0	—	—	—	—
	豆饼	17.0	18.0	14.0	14.4	19.0	11.3
	菜籽饼	—	—	—	—	—	9.0
	菜籽粕	—	—	8.0	—	—	—
	赖氨酸	0.1	—	—	—	—	—
	蛋氨酸	0.1	—	—	—	—	—
	骨粉	—	—	—	—	—	0.1
	贝壳粉	1.5	1.5	—	1.4	1.2	0.6
	石粉	—	—	1.0	—	—	—
	食盐	0.3	0.5	0.5	0.5	0.3	0.1
营养成分	消化能(兆焦/千克)	13.56	12.83	13.01	11.26	12.51	13.26
	粗蛋白质(%)	13.9	15.70	16.3	14.4	15.5	15.9
	粗纤维(%)	2.8	3.00	4.6	7.9	5.5	4.7
	钙(%)	0.63	0.53	0.53	0.63	0.53	0.40
	磷(%)	0.38	0.43	0.49	0.57	0.45	0.56
	赖氨酸(%)	0.70	0.79	0.73	0.71	0.76	0.80
	蛋+胱氨酸(%)	0.42	0.35	0.77	0.64	0.66	0.53

配方 25 试用于杜洛克猪×哈白猪杂交猪，日增重 580 克。配方 26 试用于哈白猪，日增重 514 克。配方 27 试用于杂种猪，日增重 605 克。配方 28 试用于汉花猪，日增重 488 克。配方 29 试用于汉花猪×广东花猪杂交猪，日增重 515 克。配方 30 试用于山西本地杂交猪，日增重 566 克。

表4-68 20~35千克体重生长肥育猪的饲料配方（31~36）

	配方编号	31	32	33	34	35	36
饲料配合比例（%）	玉米	48.6	46.3	48.6	50.6	47.6	27.0
	大麦	12.0	11.0	—	—	—	—
	甘薯粉	—	—	—	—	—	26.0
	麸皮	10.0	21.8	15.0	15.0	15.0	8.0
	细稻糠	—	—	15.0	16.0	15.0	—
	豌豆	8.0	4.3	—	—	—	—
	蚕豆	3.0	—	—	—	—	—
	豆饼	—	—	15.0	13.0	16.0	21.6
	花生饼	4.0	2.2	—	—	—	—
	菜籽饼	—	6.5	—	—	—	—
	蚕蛹粉	10.0	4.3	—	—	—	—
	酵母粉	—	—	5.0	4.0	5.0	—
	血粉	2.0	1.7	—	—	—	—
	甘薯秧	—	—	—	—	—	16.0
	骨粉	2.0	1.5	—	—	—	—
	碳酸钙	—	—	0.8	0.8	0.8	1.0
	添加剂	—	—	0.2	0.2	0.2	—
	食盐	0.4	0.4	0.4	0.4	0.4	0.4
营养成分	消化能(兆焦/千克)	13.93	12.80	12.93	12.93	12.93	11.76
	粗蛋白质(%)	18.4	17.6	16.1	15.1	16.4	16.3
	粗纤维(%)	3.4	4.5	4.5	4.5	4.5	3.2
	钙(%)	0.74	0.56	0.59	0.56	0.5	0.80
	磷(%)	0.82	0.90	0.56	0.55	0.56	0.30
	赖氨酸(%)	0.77	0.56	0.75	0.69	0.77	0.68
	蛋氨酸(%)	0.31	0.26	0.32	0.31	0.32	0.37
	胱氨酸(%)	0.23	0.21	0.27	0.24	0.27	0.26

表4-69　20~35千克体重生长肥育猪的饲料配方（37~42）

	配方编号	37	38	39	40	41	42
饲料配合比例(%)	玉　　米	40.0	40.5	55.0	44.0	34.0	60.5
	大　　麦	—	—	—	—	16.0	—
	高　　粱	9.0	9.5	7.0	10.0	12.0	10.0
	麸　　皮	17.0	19.0	12.0	15.0	7.0	5.0
	米　　糠	12.0	12.0	—	—	—	—
	草　　粉	6.5	9.0	5.5	5.8	1.0	—
	豆　　饼	—	—	—	—	10.5	23.0
	胡 麻 饼	8.0	8.0	4.0	10.0	7.0	—
	菜 籽 饼	3.0	—	10.0	7.7	5.0	—
	血　　粉	3.0	—	4.0	5.0	5.0	—
	石　　粉	—	—	—	—	—	1.2
	微量元素添加剂	1.0	1.5	2.0	2.0	2.0	—
	食　　盐	0.5	0.5	0.5	0.5	0.5	0.3
营养成分	消化能(兆焦/千克)	11.88	11.97	12.43	12.18	12.97	13.60
	粗蛋白质(%)	14.7	11.5	15.6	17.3	19.1	16.0
	粗 纤 维(%)	6.1	5.0	6.7	6.5	3.3	2.9
	钙(%)	0.20	0.11	0.13	0.15	0.15	0.57
	磷(%)	0.48	0.47	0.40	0.41	0.41	0.40
	赖 氨 酸(%)	0.67	0.42	0.73	0.86	0.71	0.86
	蛋 氨 酸(%)	0.31	0.29	0.24	0.27	0.28	+0.49
	胱 氨 酸(%)	0.18	0.14	0.19	0.21	0.24	

配方37~41以胡麻饼、菜籽饼代替全部或者部分豆饼作为主要蛋白质饲料。菜籽饼是喂猪的好饲料，但是菜籽饼含有恶唑烷硫酮及异硫氰酸酯，饲喂过多易中毒。这些配方限制了菜籽饼的用量，又以胡麻饼来补充蛋白质不足。用这两种蛋白质饲料解决当前豆饼不足。这是我国西北地区的典型饲料配方。

表 4-70　20～35 千克体重生长肥育猪的饲料配方（43～48）

	配方编号	43	44	45	46	47	48
饲料配合比例（%）	玉　米	25.0	25.0	20.0	10.0	30.0	50.5
	大　麦	—	—	35.0	34.0	—	—
	小　麦	—	—	—	—	—	5.0
	次　粉	10.0	10.0	—	—	—	—
	稻谷粉	—	—	10.0	—	—	—
	麸　皮	30.0	30.0	—	10.0	20.0	15.0
	蚕　豆	—	—	—	—	—	3.0
	棉籽饼	13.0	13.6	15.0	26.0	10.0	—
	菜籽饼	15.0	15.0	10.0	7.0	10.0	14.0
	米糠饼	—	—	10.0	13.0	25.0	5.0
	蚕蛹粉	5.0	5.0	—	—	4.0	3.0
	血　粉	—	—	—	—	—	2.0
	蛋壳粉	—	—	—	—	1.0	—
	碳酸钙	1.0	—	—	—	—	—
	磷酸氢钙	—	—	—	—	—	2.0
	微量元素添加剂	0.5	1.0	—	—	—	—
	食　盐	0.5	0.4	—	—	—	0.5
营养成分	消化能（兆焦/千克）	13.05	12.55	12.76	12.76	12.51	12.68
	粗蛋白质（%）	18.6	18.4	17.7	18.3	18.9	16.8
	粗纤维（%）	6.6	6.7	7.5	8.5	7.0	5.2
	钙（%）	0.57	0.22	0.15	0.35	0.75	0.60
	磷（%）	0.60	0.61	0.54	0.57	0.69	0.86
	赖氨酸（%）	0.77	0.78	0.53	0.64	0.74	0.63
	蛋氨酸（%）	0.39	0.39	0.22	0.36	0.33	0.28
	胱氨酸（%）	0.25	0.25	0.22	0.22	0.16	0.23

配方 45～47 需另加食盐 0.3% 和增加蛋壳粉或者碳酸钙 2%，减少麸皮或者米糠的用量 2%，以提高钙的含量。配方 31～48 为用其他动物性饲料代替鱼粉的日粮配方。这类配方选用蚕蛹粉、饲料酵母等作为动物性蛋白质饲料来代替鱼粉，也可以取得较好的效果。配方 46 中的棉籽饼应为无腺体、不含棉酚或者棉酚含量很低的棉籽饼。

表 4-71　20～35 千克体重生长肥育猪的饲料配方（49～54）

配方编号		49	50	51	52	53	54
饲料配合比例（%）	玉　米	—	10.0	10.0	10.0	—	60.0
	糙　米	15.0	—	—	—	—	—
	碎　米	40.0	20.0	10.0	24.0	—	—
	细　米	30.4	—	—	—	—	—
	稻　谷	—	5.0	5.0	15.0	10.0	—
	次　粉	—	—	—	—	43.0	—
	麸　皮	—	20.0	14.0	10.0	—	20.5
	干草粉	—	5.0	15.0	—	—	—
	豆　饼	—	15.0	10.0	10.0	15.0	12.0
	棉籽饼	3.0	—	10.0	—	5.0	—
	米糠饼	—	20.0	20.0	23.6	21.0	—
	鱼　粉	10.0	4.0	5.0	5.0	5.0	6.0
	贝壳粉	—	—	—	—	1.0	—
	石　粉	1.6	—	—	—	—	1.0
	微量元素添加剂	—	1.0	1.0	2.4	—	—
	食　盐	—	—	—	—	—	0.5
营养成分	消化能(兆焦/千克)	14.48	10.88	9.87	12.43	13.10	13.10
	粗蛋白质(%)	13.5	17.3	18.5	15.4	18.0	16.1
	粗纤维(%)	2.1	6.5	9.9	5.2	4.5	3.7
	钙(%)	0.88	0.32	0.37	0.30	0.72	0.66
	磷(%)	0.53	0.82	0.90	0.85	0.57	0.48
	赖氨酸(%)	0.70	0.81	0.93	0.75	0.88	0.83
	蛋氨酸(%)	0.31	0.28	0.28	0.24	0.18	+0.68
	胱氨酸(%)	0.29	0.25	0.23	0.25	0.29	

配方 49～102（除配方 66、配方 78 外）为有鱼粉饲料配方。用鱼粉做动物性蛋白质饲料，限制性氨基酸组成好，营养价值高，猪的肉质好。配方 49 粗蛋白质含量偏低，可加 0.1% 赖氨酸。经试用日增重为：配方 50 为 557 克，配方 51 为 459 克，配方 52 为 479 克。配方 53 需另加食盐 0.3%。

表 4-72　20～35 千克体重生长肥育猪的饲料配方（55～60）

配方编号		55	56	57	58	59	60
饲料配合比例（%）	玉　米	35.5	51.9	27.3	40.0	57.7	62.6
	大　麦	24.0	19.5	28.2	13.5	—	—
	高　粱	—	—	—	—	10.0	10.0
	次面粉	6.0	—	19.7	—	—	—
	甘薯粉	—	—	—	10.0	—	—
	麸　皮	5.0	—	—	7.0	5.0	5.0
	甘薯秧	—	—	—	9.0	—	—
	蚕　豆	9.0	—	—	—	—	—
	豆　饼	14.0	20.3	17.5	13.0	21.5	18.1
	鱼　粉	5.0	6.8	5.8	6.0	5.0	3.5
	骨　粉	0.5	0.5	0.5	—	—	—
	贝壳粉	0.5	0.5	0.5	—	0.5	0.5
	碳酸钙	—	—	—	1.0	—	—
	食　盐	0.5	0.5	0.5	0.5	0.3	0.3
营养成分	消化能（兆焦/千克）	13.10	13.39	12.72	12.38	13.77	13.56
	粗蛋白质（%）	18.0	18.0	18.0	17.6	18.1	16.1
	粗纤维（%）	4.2	3.2	3.4	3.0	2.8	2.7
	钙（%）	0.63	0.70	0.71	0.88	0.81	0.51
	磷（%）	0.55	0.58	0.62	0.47	0.55	0.48
	赖氨酸（%）	0.90	1.02	0.96	0.52	1.06	0.89
	蛋氨酸（%）	0.23	0.23	0.23	0.32	+0.56	+0.49
	胱氨酸（%）	0.26	0.21	0.24	0.21		

配方 55～60 是以鱼粉、豆饼、玉米、大麦或者高粱组成的配合饲料。豆饼是猪的主要蛋白质饲料，再加鱼粉，对猪生长非常有利。玉米产量高，饲用价值也高。大麦是喂猪的好饲料，特别是喂肥育猪，能生产白色硬脂肪的优质猪肉。高粱是重要的精饲料，粗纤维少，可消化养分高。这一组配合饲料是按饲料标准配制的典型日粮，猪日增重在 500～700 克。

表 4-73 20～35 千克体重生长肥育猪的饲料配方（61～66）

	配方编号	61	62	63	64	65	66
饲料配合比例（%）	玉米	10.0	—	30.0	27.0	53.0	53.0
	大麦	10.0	10.0	—	—	—	—
	荞麦	23.0	20.0	—	—	—	—
	高粱	—	—	—	—	10.0	12.0
	糜子	10.0	15.0	—	—	—	—
	青稞	—	—	23.0	14.0	—	—
	麸皮	5.0	21.0	22.0	17.0	12.0	12.0
	草粉	3.0	8.0	3.0	17.0	—	—
	豌豆	20.0	10.0	10.0	9.0	—	—
	豆饼	—	—	—	—	18.5	20.5
	胡麻饼	15.0	12.0	7.0	11.0	—	—
	鱼粉	3.0	3.0	4.0	4.0	5.0	—
	骨粉	0.5	0.5	—	—	1.0	2.0
	微量元素添加剂	—	—	0.5	0.5	—	—
	食盐	0.5	0.5	0.5	0.5	0.5	0.5
营养成分	消化能（兆焦/千克）	12.13	11.30	13.47	12.47	13.81	13.81
	粗蛋白质（%）	18.1	17.3	16.7	16.3	18.0	17.0
	粗纤维（%）	5.9	6.2	5.3	8.6	3.2	3.4
	钙（%）	0.45	0.45	0.29	0.83	0.74	0.69
	磷（%）	0.54	0.62	0.55	0.50	0.57	0.45
	赖氨酸（%）	0.86	0.74	0.69	0.70	1.02	0.88
	蛋氨酸（%）	0.26	0.35	0.27	0.26	＋0.53	＋0.46
	胱氨酸（%）	0.25	0.21	0.22	0.20		

配方65、配方66 试用于哈白猪，日增重分别为557 克、537 克。

表 4-74　20～35 千克体重生长肥育猪的饲料配方（67～72）

	配方编号	67	68	69	70	71	72
饲料配合比例（%）	玉　米	48.0	57.0	53.0	47.5	33.5	62.7
	高　粱	—	—	—	10.0	—	9.8
	碎　米	10.0	—	—	—	16.5	—
	麸　皮	10.0	10.0	15.0	5.0	5.9	5.0
	米　糠	10.0	10.0	10.0	5.0	25.0	—
	酱油渣	—	4.0	4.0	5.0	—	—
	苜蓿粉	—	—	2.0	5.0	—	—
	豆　饼	10.0	10.0	9.0	10.0	14.6	17.7
	鱼　粉	8.0	7.0	6.0	9.0	2.8	4.0
	青饲料	2.5	—	—	—	—	—
	贝壳粉	—	—	—	—	—	0.5
	碳酸钙	0.5	—	0.7	0.5	0.7	—
	磷酸钙	0.5	—	0.3	0.5	—	—
	活性炭	—	1.5	—	1.5	—	—
	添加剂	—	0.5	—	1.0	—	—
	维生素添加剂	—	—	—	—	0.5	—
	食　盐	0.5	—	—	—	0.5	0.3
营养成分	消化能（兆焦/千克）	13.10	12.80	12.80	12.80	13.26	13.81
	粗蛋白质（%）	16.1	15.8	15.5	16.8	15.1	16.8
	粗纤维（%）	3.4	3.5	4.3	3.6	4.3	2.7
	钙（%）	0.80	0.40	0.72	0.81	0.52	0.51
	磷（%）	0.67	0.60	0.70	0.65	0.69	0.41
	赖氨酸（%）	0.80	0.75	0.70	0.77	0.74	0.86
	蛋氨酸（%）	0.30	0.29	0.30	0.26	0.32	+0.66
	胱氨酸（%）	0.18	0.17	0.17	0.17	0.23	

配方 68～70 需另加食盐 0.3%。配方 72 试用于北京黑猪，日增重 451 克。

表 4-75　20～35 千克体重生长肥育猪的饲料配方（73～78）

	配方编号	73	74	75	76	77	78
饲料配合比例（%）	玉米	20.0	30.0	37.0	40.5	20.0	35.0
	大麦	—	—	30.0	—	25.0	—
	小麦	—	—	—	10.0	—	28.0
	稻谷粉	28.0	35.0	—	20.0	—	—
	麸皮	30.0	10.0	5.0	15.0	30.0	13.0
	统糠	—	15.0	—	—	12.0	8.0
	黄豆	—	—	7.0	—	—	—
	花生饼	15.0	5.0	15.0	8.0	3.0	7.0
	菜籽饼	—	—	—	—	6.0	—
	鱼粉	5.0	4.5	5.0	5.0	3.0	—
	咸鱼粉	—	—	—	—	—	8.0
	骨粉	1.5	—	0.5	1.0	—	1.0
	赖氨酸	—	0.3	—	—	—	—
	添加剂	—	—	—	0.5	0.5	—
	食盐	0.5	0.2	0.5	—	0.5	—
营养成分	消化能（兆焦/千克）	12.51	10.63	13.39	14.40	11.09	12.09
	粗蛋白质（%）	17.6	12.2	19.0	15.8	12.5	13.8
	粗纤维（%）	6.2	9.5	4.1	2.9	6.3	6.4
	钙（%）	0.76	0.25	0.42	0.48	0.20	0.65
	磷（%）	0.81	0.49	0.56	0.70	0.57	0.44
	赖氨酸（%）	0.67	0.50	0.79	0.59	0.56	0.67
	蛋氨酸（%）	0.28	0.20	0.28	0.29	0.35	+0.67
	胱氨酸（%）	0.25	0.20	0.24	0.24	0.21	

配方 73～78 是以鱼粉、花生饼为蛋白质饲料，玉米、麸皮等为能量饲料。花生饼是优良的蛋白质饲料，所含蛋白质和能量都比较高，饲用价值仅次于豆饼，如与动物性蛋白质饲料配合，效果更好。因花生饼中赖氨酸和蛋氨酸含量不足，不能满足猪的需要，这组配方中采用鱼粉补充了花生饼中氨基酸的不足。

表 4-76　20～35 千克体重生长肥育猪的饲料配方（79～84）

	配方编号	79	80	81	82	83	84
饲料配合比例(%)	玉米	59.0	61.5	49.0	52.0	27.0	53.5
	大麦	—	—	—	—	33.0	10.0
	高粱	8.0	8.0	12.0	12.0	—	9.5
	麸皮	12.0	12.5	16.0	16.0	10.0	5.0
	混合糠	—	—	—	—	4.0	—
	槐叶粉	2.0	2.0	5.0	5.0	—	—
	蚕豆	—	—	—	—	6.0	—
	豆饼	15.0	12.0	14.0	12.0	13.0	17.0
	鱼粉	3.0	3.0	3.0	2.0	6.0	4.0
	骨粉	0.5	0.5	0.5	0.5	—	—
	蛋壳粉	—	—	—	—	1.0	0.5
	食盐	0.5	0.5	0.5	0.5	—	0.5
营养成分	消化能(兆焦/千克)	13.39	13.39	12.80	12.84	12.59	13.72
	粗蛋白质(%)	15.0	14.0	15.2	14.0	17.7	16.8
	粗纤维(%)	3.4	3.3	3.9	3.8	5.7	3.1
	钙(%)	0.57	0.57	0.65	0.59	0.72	0.50
	磷(%)	0.48	0.48	0.52	0.49	0.52	0.43
	赖氨酸(%)	0.73	0.72	0.83	0.73	0.84	0.66
	蛋氨酸(%)	0.22	0.21	0.24	0.23	0.32	+0.66
	胱氨酸(%)	0.18	0.17	0.18	0.17	0.17	

配方 83 需另加食盐 0.3%。配方 84 试用于北京黑猪×内江猪的杂种猪，日增重 547 克。

表 4-77 20~35 千克体重生长肥育猪的饲料配方（85~90）

	配方编号	85	86	87	88	89	90
饲料配合比例（%）	玉米	38.0	50.0	25.0	24.0	50.5	30.0
	小麦	30.0	—	30.0	35.0	—	—
	稻谷粉	—	10.0	—	—	10.0	20.0
	麸皮	17.0	—	23.0	15.0	—	15.0
	米糠	—	15.0	—	—	14.0	—
	统糠	—	—	4.0	5.0	—	10.0
	豆饼	—	—	—	15.0	—	10.0
	花生饼	7.0	20.0	8.0	—	20.0	10.0
	鱼粉	8.0	5.0	9.0	5.0	5.0	5.0
	贝壳粉	—	—	1.0	1.0	0.5	—
营养成分	消化能（兆焦/千克）	13.22	14.06	12.76	12.97	13.93	12.43
	粗蛋白质（%）	16.9	19.5	18.9	17.1	19.3	15.0
	粗纤维（%）	4.4	4.0	6.3	5.9	4.0	6.8
	钙（%）	0.80	0.50	1.00	0.86	0.50	0.30
	磷（%）	0.80	0.50	0.90	0.72	0.50	0.50
	赖氨酸（%）	0.80	0.76	0.70	0.84	0.70	0.60
	蛋氨酸（%）	0.30	0.25	0.30	0.25	0.30	0.24
	胱氨酸（%）	0.20	0.24	0.30	0.24	0.22	0.19

配方 85~90 需另加食盐 0.3%。配方 86、配方 89 花生饼用量偏高，应与其他饼粕混用，以调整氨基酸平衡。配方 90、配方 101 使用了 10% 以上的统糠，统糠是在米糠中加入粉碎后的砻糠（稻壳），把这种没有实际营养价值的稻壳混入米糠中，是有害无益的。

表 4-78　20～35 千克体重生长肥育猪的饲料配方（91～96）

	配方编号	91	92	93	94	95	96
饲料配合比例（%）	玉米	35.8	35.7	35.8	35.7	—	16.0
	大麦	10.0	10.0	10.0	10.0	35.0	20.0
	次面粉	16.0	17.9	17.8	17.0	—	—
	稻谷	—	—	—	—	13.0	—
	麸皮	—	—	—	—	12.5	15.0
	米糠	—	—	—	—	10.0	29.0
	蚕豆	10.8	8.0	7.0	6.6	—	—
	豆饼	16.8	11.8	9.8	6.8	8.0	—
	棉籽饼	—	—	—	—	7.0	10.0
	菜籽饼	—	8.0	13.0	18.0	—	5.0
	米糠饼	—	—	—	—	8.0	—
	鱼粉	9.8	6.8	4.8	3.8	5.0	3.0
	骨粉	—	1.0	1.0	1.3	—	—
	微量元素添加剂	0.5	0.5	0.5	0.5	1.5	2.0
	食盐	0.3	0.3	0.3	0.3	—	—
营养成分	消化能(兆焦/千克)	15.10	15.36	15.31	15.48	12.22	11.13
	粗蛋白质(%)	16.6	16.3	16.5	16.5	18.0	15.6
	粗纤维(%)	3.2	3.6	4.0	4.4	7.3	9.0
	钙(%)	0.74	0.83	0.83	0.85	0.40	0.28
	磷(%)	0.62	0.85	0.80	0.88	0.63	0.73
	赖氨酸(%)	0.85	0.98	0.91	0.86	0.79	0.61
	蛋氨酸(%)	0.27	0.27	0.27	0.27	0.34	0.42
	胱氨酸(%)	0.31	0.29	0.29	0.29	0.23	0.18

配方95、配方96需另加食盐0.3%。配方92～94中的菜籽饼为云南省白菜型菜籽饼。试验结果，在能量、粗蛋白质等同，任意采食和不喂青饲料的条件下，配合饲料中随菜籽饼比例的增加，采食量下降，但下降幅度不大，平均日采食量配方91为1698克，配方92为1676克，配方93为1544克，配方94为1507克。平均日增重：配方91为552克，配方92为570克，配方93为536克，配方94为514克。饲料成本与耗料比都低于无菜籽饼组。为加速早期生

长，以8%菜籽饼最为理想。从经济效益和当地蛋白质饲料资源实际出发，18%菜籽饼水平只影响甲状腺功能，对增重和肉的化学成分并无影响。但为了合理利用白菜型菜籽饼，饲养20～35千克体重的生长肥育猪，建议菜籽饼用量以8%最好。

表4-79　20～35千克体重生长肥育猪的饲料配方（97～102）

	配方编号	97	98	99	100	101	102
饲料配合比例（%）	玉米	—	—	—	—	20.0	30.0
	大麦	—	42.0	42.0	50.0	10.0	—
	小麦	25.0	—	—	—	—	—
	稻谷粉	25.0	15.0	15.0	17.0	—	32.0
	碎米	—	—	—	—	10.0	—
	木薯	15.0	—	—	—	—	—
	麸皮	12.0	—	—	—	10.0	—
	米糠	—	15.0	23.0	20.0	—	10.0
	统糠	6.0	—	—	—	14.0	—
	蚕豆	—	15.0	10.0	5.0	—	5.0
	花生饼	10.0	—	—	—	10.0	10.0
	米糠饼	—	—	—	—	15.0	—
	鱼粉	7.0	3.0	3.0	2.0	5.0	11.0
	蚕蛹粕	—	8.0	5.0	4.0	3.0	—
	骨粉	—	1.5	1.5	1.5	—	0.6
	贝壳粉	—	—	—	—	2.0	—
	微量元素添加剂	—	—	—	—	1.0	1.0
	食盐	—	0.5	0.5	0.5	—	0.4
营养成分	消化能(兆焦/千克)	12.43	12.51	12.55	12.43	12.05	13.43
	粗蛋白质(%)	16.1	18.0	16.0	14.0	18.0	18.8
	粗纤维(%)	6.9	5.3	6.9	6.9	7.8	4.8
	钙(%)	0.37	0.28	0.27	0.22	1.73	0.55
	磷(%)	0.53	0.62	0.71	0.64	1.15	0.76
	赖氨酸(%)	0.68	1.01	0.86	0.72	0.82	0.90
	蛋氨酸(%)	0.26	0.34	0.35	0.32	0.30	0.29
	胱氨酸(%)	0.22	0.29	0.25	0.21	0.24	0.31

经试用各配方的日增重：配方 98 为 526 克；配方 99 为 524 克；配方 100 为 506 克。配方 97、配方 101 需另加食盐 0.3%。

表 4-80　20～35 千克体重生长肥育猪的饲料配方（103～108）

配方编号		103	104	105	106	107	108
饲料配合比例（%）	玉　米	25.0	20.0	15.0	10.0	—	—
	碎　米	33.0	40.0	43.0	45.0	55.0	60.0
	稻　谷	10.0	10.0	11.0	13.0	10.0	10.0
	菜籽粕	5.0	5.0	5.0	5.0	5.0	5.0
	肉骨粉	6.0	6.0	6.0	6.0	7.0	6.0
	蚕蛹粉	5.0	6.0	5.0	5.0	6.0	5.0
	细米糠	10.0	8.0	10.0	10.0	12.0	9.0
	青饲料	3.0	2.0	2.0	3.0	2.0	2.0
	骨　粉	2.0	2.0	2.0	2.0	2.0	2.0
	添加剂	0.7	0.7	0.7	0.7	0.7	0.7
	食　盐	0.3	0.3	0.3	0.3	0.3	0.3
营养成分	消化能（兆焦/千克）	13.0	13.5	13.1	12.9	12.9	12.9
	粗蛋白质（%）	15.6	16.4	15.7	15.5	16.6	15.4
	粗纤维（%）	2.8	2.8	2.8	2.9	3.0	2.9
	钙（%）	1.0	1.0	1.0	1.0	1.1	1.0
	磷（%）	0.7	0.7	0.7	0.7	0.7	0.7
	赖氨酸（%）	0.73	0.79	0.74	0.74	0.82	0.75
	蛋氨酸（%）	0.35	0.38	0.35	0.35	0.38	0.35
	胱氨酸（%）	0.21	0.22	0.22	0.22	0.23	0.22

配方 103～108 采用肉骨粉与蚕蛹粉代替鱼粉。

表 4-81 20～35 千克体重生长肥育猪的饲料配方（109～113）

	配方编号	109	110	111	112	113
饲料配合比例（%）	玉米	40.0	45.0	49.0	55.0	60.0
	次面粉	20.0	15.0	10.0	10.0	6.0
	肉骨粉	10.0	12.0	10.0	8.0	10.0
	饲料酵母粉	5.0	3.0	8.0	5.0	5.0
	棉籽粕	5.0	5.0	3.0	5.0	5.0
	啤酒糟	10.0	10.0	9.0	8.0	6.0
	粉渣	8.0	8.0	9.0	7.0	6.0
	骨粉	1.2	1.2	1.2	1.2	1.2
	添加剂	0.5	0.5	0.5	0.5	0.5
	食盐	0.3	0.3	0.3	0.3	0.3
营养成分	消化能（兆焦/千克）	11.74	11.72	12.04	12.16	12.56
	粗蛋白质（%）	15.8	15.8	16.1	14.9	15.9
	粗纤维（%）	2.3	2.2	2.3	2.4	2.3
	钙（%）	0.92	1.05	0.96	0.87	0.96
	磷（%）	0.72	0.75	0.73	0.69	0.71
	赖氨酸（%）	0.71	0.68	0.79	0.66	0.69
	蛋氨酸（%）	0.22	0.23	0.25	0.25	0.23
	胱氨酸（%）	0.26	0.25	0.24	0.24	0.22

表 4-82　20～35 千克体重生长肥育猪的饲料配方（114～117）

	配方编号	114	115	116	117
饲料配合比例（%）	玉米	62.0	50.0	25.0	—
	碎米	—	15.0	40.0	65.0
	麸皮	10.0	10.0	—	—
	菜籽粕	5.0	5.0	5.0	5.0
	棉籽粕	4.0	—	—	—
	豆粕	5.0	4.0	5.0	4.0
	肠衣粉	6.0	8.0	7.0	8.0
	细米糠	—	—	10.0	10.0
	青饲料	4.7	4.7	4.7	4.7
	骨粉	2.0	2.0	2.0	2.0
	添加剂	1.0	1.0	1.0	1.0
	食盐	0.3	0.3	0.3	0.3
营养成分	消化能（兆焦/千克）	12.69	12.69	12.53	12.33
	粗蛋白质（%）	16.4	16.2	16.0	16.3
	粗纤维（%）	2.9	2.3	2.3	1.9
	钙（%）	0.69	0.72	0.72	0.73
	磷（%）	0.63	0.62	0.63	0.64
	赖氨酸（%）	0.65	0.65	0.68	0.71
	蛋氨酸（%）	0.21	0.21	0.23	0.23
	胱氨酸（%）	0.36	0.41	0.38	0.41

配方 114～117 采用肠衣粉代替鱼粉。

表 4-83　20～35 千克体重生长肥育猪的饲料配方（118～122）

	配方编号	118	119	120	121	122
饲料配合比例（%）	玉米	66.0	40.0	26.0	10.0	—
	麸皮	6.0	—	—	—	—
	碎米	—	26.0	41.0	56.0	66.0
	细米糠	—	7.0	7.0	8.0	9.0
	菜籽粕	5.0	4.0	5.0	4.0	3.0
	棉籽粕	5.0	4.0	—	3.0	3.0
	豆粕	6.0	6.0	8.0	5.0	6.0
	粉浆蛋白粉	5.0	6.0	6.0	7.0	6.0
	青饲料	2.7	2.7	2.7	2.7	2.7
	添加剂	1.0	1.0	1.0	1.0	1.0
	骨粉	3.0	3.0	3.0	3.0	3.0
	食盐	0.3	0.3	0.3	0.3	0.3
营养成分	消化能(兆焦/千克)	12.97	12.97	12.74	12.61	12.48
	粗蛋白质(%)	16.2	16.3	16.3	16.5	15.9
	粗纤维(%)	3.2	2.9	2.6	2.6	2.5
	钙(%)	0.94	0.95	0.96	0.97	0.97
	磷(%)	0.72	0.76	0.77	0.77	0.77
	赖氨酸(%)	0.72	0.78	0.81	0.82	0.80
	蛋氨酸(%)	0.20	0.20	0.21	0.20	0.21
	胱氨酸(%)	0.22	0.23	0.23	0.24	0.23

配方 118～122 采用粉浆蛋白粉代替鱼粉。

表 4-84 20~35 千克体重生长肥育猪的饲料配方（123~125）

	配方编号	123	124	125
饲料配合比例（%）	玉米	53.9	65.2	69.3
	豆粕	22.1	28.8	13.5
	膨化大豆	—	—	13.0
	豆油	3.0	3.0	—
	乳清粉	15.0	—	—
	鱼粉	4.0	—	—
	磷酸氢钙	1.0	1.6	2.2
	石粉	0.4	0.8	0.7
	添加剂	0.3	0.3	1.0
	食盐	0.3	0.3	0.3
营养成分	消化能（兆焦/千克）	15.38	15.41	13.6
	粗蛋白质（%）	18.7	18.2	17.3
	粗纤维（%）	1.7	2.2	2.1
	钙（%）	0.74	0.79	0.83
	磷（%）	0.57	0.62	0.64
	赖氨酸（%）	1.10	1.00	0.95
	蛋氨酸（%）	0.38	0.27	0.42
	胱氨酸（%）	0.37	0.29	0.31
	苏氨酸（%）	0.85	0.72	0.67

配方 125 需另加赖氨酸 0.04%、蛋氨酸 0.09%，每千克饲料中加华罗多种维生素 120 毫克。此配方中的膨化全脂大豆，采用 140~150℃干法挤压膨化。经试验，在生长肥育猪日粮中使用膨化大豆替代部分豆粕和全部豆油，可以改善猪对日粮氮、脂肪和氨基酸的利用率，也可以改善日粮脂肪和亚油酸等脂肪酸的回肠消化率。

表 4-85　20～35 千克体重生长肥育猪的饲料配方（126～129）

	配方编号	126	127	128	129
饲料配合比例（%）	玉米	67.5	65.5	62.0	65.0
	豆粕	20.0	27.8	31.0	28.0
	菜籽粕	4.0	—	—	—
	四号粉	5.0	—	—	—
	麦麸	2.0	—	—	—
	磷酸氢钙	—	1.3	1.1	1.4
	石粉	0.5	0.5	0.4	0.6
	赖氨酸	0.1	0.2	0.2	0.3
	添加剂	0.6	1.0	1.0	1.0
	豆油	—	3.4	4.1	3.4
	食盐	0.3	0.3	0.2	0.3
营养成分	消化能（兆焦/千克）	12.96	14.05	14.23	14.04
	粗蛋白质（%）	17.2	18.0	17.9	18.0
	粗纤维（%）	2.3	2.1	2.2	2.1
	钙（%）	0.83	0.61	0.61	0.60
	磷（%）	0.65	0.55	0.51	0.55
	赖氨酸（%）	0.82	1.09	1.10	1.09
	蛋氨酸（%）	0.29	0.28	0.29	0.28
	胱氨酸（%）	0.19	0.29	0.30	0.29
	苏氨酸（%）	0.68	0.72	0.75	0.72

配方 126 适用于华中地区。此配方试验表明：每千克饲料中如添加 1000 毫克甜菜碱，日增重可达到 768 克。

配方 127 适用于华南地区，日增重 720 克。添加剂可用维生素添加剂配方 25、微量元素添加剂配方 25。

配方 128 适合各种杂交猪（在我国，有 60 多个猪的杂交品种，但有一定规模的猪场商品猪基本为杜×长×大等三元杂交品种，也有地方猪种与瘦肉型猪种杂交的品种）。添加剂可用维生素添加剂配方 25、微量元素添加剂配方 25。

表4-86　20~35千克体重生长肥育猪的饲料配方（130~135）

	配方编号	130	131	132	133	134	135
饲料配合比例（%）	玉　米	56.0	65.0	66.0	57.5	69.2	57.5
	豆　粕	19.5	17.13	7.5	18.0	25.4	—
	菜籽粕	—	7.50	—	—	—	20.0
	麦　麸	19.1	5.0	8.0	18.2	3.2	16.0
	向日葵粕	—	—	13.5	—	—	—
	小苏打	—	—	—	—	0.1	—
	鱼　粉	4.0	2.0	2.0	5.0	—	5.0
	磷酸氢钙	0.3	0.8	1.0	0.7	0.8	0.7
	石　粉	—	1.1	0.7	—	0.8	—
	赖氨酸	0.2	0.17	—	—	0.1	0.2
	添加剂	0.6	1.0	1.0	0.3	0.1	0.3
	食　盐	0.3	0.3	0.3	0.3	0.3	0.3
营养成分	消化能(兆焦/千克)	13.02	13.04	12.79	12.69	13.39	12.52
	粗蛋白质(%)	18.02	17.3	19.2	17.2	17.0	16.7
	粗纤维(%)	3.2	2.5	2.7	3.1	2.3	3.5
	钙(%)	0.60	0.76	0.69	0.55	0.60	0.60
	磷(%)	0.50	0.58	0.67	0.70	0.47	0.75
	赖氨酸(%)	0.91	0.97	0.70	1.0	0.90	0.80
	蛋氨酸(%)	0.26	0.29	0.31	0.40	0.22	0.30
	胱氨酸(%)	0.27	0.29	0.31	0.31	0.29	0.31
	苏氨酸(%)	0.73	0.67	0.60	0.70	0.69	0.62

配方131的添加剂，可用维生素添加剂配方20，微量元素添加剂配方29。配方133适用于华南地区。经试验，平均日增重650克。添加剂可用维生素添加剂配方22、微量元素添加剂配方27。

表4-87 20~35千克体重生长肥育猪的饲料配方（136~140）

	配方编号	136	137	138	139	140
饲料配合比例（%）	玉米	75.62	75.66	75.7	75.3	75.23
	花生粕	17.0	12.7	8.5	4.5	—
	豆粕	—	4.3	8.5	13.0	17.6
	鱼粉	2.0	2.0	2.0	2.0	2.0
	豆油	1.5	1.5	1.5	1.5	1.5
	赖氨酸	0.59	0.55	0.49	0.40	0.36
	蛋氨酸	0.23	0.21	0.19	0.16	0.15
	色氨酸	—	0.03	0.085	0.11	0.143
	苏氨酸	0.06	0.05	0.04	0.03	0.02
	磷酸钙	1.7	1.7	1.7	1.7	1.7
	添加剂	1.0	1.0	1.0	1.0	1.0
	食盐	0.3	0.3	0.3	0.3	0.3
营养成分	消化能（兆焦/千克）	14.06	14.06	14.10	14.10	14.14
	粗蛋白质（%）	15.8	15.8	15.8	15.8	15.8
	粗纤维（%）	1.9	1.9	1.8	1.8	1.7
	钙（%）	0.7	0.7	0.7	0.7	0.7
	磷（%）	0.6	0.6	0.6	0.6	0.6
	赖氨酸（%）	1.0	1.0	1.0	1.0	1.0
	蛋+胱氨酸（%）	0.65	0.65	0.65	0.65	0.65
	苏氨酸（%）	0.45	0.50	0.56	0.62	0.67

配方136~139以玉米、大豆粕、花生粕为主要饲料原料条件下，据对20~30千克体重大×长×北仔猪苏氨酸需要量的试验，结果表明，苏氨酸需要量为0.62%。

“理想”必需氨基酸模式（总氨基酸为基础）估计为：赖氨酸：蛋+胱氨酸：苏氨酸：色氨酸=100：65：65：20。

（二）35～60千克体重生长肥育猪的饲料配方（1～145）

35～60千克体重肥育猪的饲料配方见表4-88至表4-114。

表4-88　35～60千克体重生长肥育猪的饲料配方（1～6）

	配方编号	1	2	3	4	5	6
饲料配合比例（%）	玉米	22.0	—	—	36.0	30.0	40.4
	大麦	25.0	35.0	35.0	20.0	25.0	—
	稻谷粉	25.0	35.0	40.0	10.0	—	—
	甘薯粉	—	—	—	4.0	15.0	—
	麸皮	—	—	—	—	—	34.0
	米糠	—	10.0	—	—	—	—
	青糠	—	—	—	5.0	—	13.0
	蚕豆壳粉	8.0	—	—	—	—	—
	豆饼	—	—	—	—	—	10.8
	棉籽饼	10.0	10.0	15.0	15.0	15.0	—
	菜籽饼	10.0	10.0	10.0	10.0	10.0	—
	米糠饼	—	—	—	—	5.0	—
	贝壳粉	—	—	—	—	—	1.3
	食盐	—	—	—	—	—	0.5
营养成分	消化能（兆焦/千克）	11.76	11.88	11.84	12.59	13.35	11.26
	粗蛋白质（%）	14.1	15.2	15.8	14.7	16.4	13.2
	粗纤维（%）	6.5	8.4	8.5	5.6	4.4	5.7
	钙（%）	0.25	0.19	0.21	0.20	0.14	0.59
	磷（%）	0.37	0.45	0.40	0.32	0.46	0.57
	赖氨酸（%）	0.51	0.58	0.61	0.57	0.55	0.63
	蛋氨酸（%）	0.18	0.25	0.21	0.22	0.22	+0.62
	胱氨酸（%）	0.22	0.23	0.25	0.21	0.25	

配方1～42为无鱼粉饲料配方。配方1～5另加0.3%食盐，棉籽饼和菜籽饼需脱毒后使用，用大麦、稻谷粉、甘薯粉全部或者部分代替玉米。配方6试用于汉花猪，日增重685克。

表 4-89 35~60 千克体重生长肥育猪的饲料配方（7~12）

	配方编号	7	8	9	10	11	12
饲料配合比例（%）	玉米	26.0	38.0	13.0	39.85	—	—
	次粉	64.0	22.0	12.0	—	—	—
	稻谷粉	—	20.0	51.0	35.0	—	—
	麸皮	—	—	—	5.0	25.0	25.0
	米糠	—	—	—	20.0	47.5	53.0
	豆饼	6.0	10.0	16.0	—	5.5	5.0
	棉籽饼	2.0	8.0	6.0	—	—	—
	向日葵饼	—	—	—	—	5.0	—
	玉米胚芽饼	—	—	—	—	15.0	15.0
	骨粉	—	—	—	—	1.0	1.0
	微量元素添加剂	2.0	2.0	2.0	—	1.0	1.0
	赖氨酸	—	—	—	0.15	—	—
营养成分	消化能(兆焦/千克)	13.81	12.97	12.13	10.92	10.54	10.67
	粗蛋白质(%)	15.0	15.0	15.0	8.6	14.4	13.3
	粗纤维(%)	1.6	4.1	6.0	9.4	8.4	8.2
	钙(%)	0.11	0.10	0.11	0.06	0.57	0.39
	磷(%)	0.20	0.30	0.31	0.34	0.85	0.54
	赖氨酸(%)	0.41	0.55	0.66	0.50	0.47	0.49
	蛋氨酸(%)	0.13	0.14	0.14	0.16	0.24	0.25
	胱氨酸(%)	0.24	0.23	0.26	0.16	0.18	0.17

配方 7~12 需另加 0.5% 食盐。配方 10 没有使用饼粕类饲料，粗蛋白质含量过低。配方 10~12 使用糠麸作为能量饲料，有些地区糠麸中粗纤维含量很高，玉米胚芽饼中粗纤维含量也高，致使配方中粗纤维含量过高。

表 4-90 35 ~ 60 千克体重生长肥育猪的饲料配方（13 ~ 18）

	配方编号	13	14	15	16	17	18
饲料配合比例（%）	玉米	63.5	68.5	37.0	52.5	50.0	43.0
	次粉	—	—	—	—	10.0	9.0
	甘薯粉	—	—	15.0	—	—	—
	麸皮	10.0	10.0	6.0	25.0	6.5	15.0
	统糠	—	—	—	—	—	13.0
	甘薯秧	—	—	24.0	—	—	—
	豆秸粉	5.0	5.0	—	—	—	—
	豌豆	—	—	—	15.0	—	1.0
	蚕豆	—	—	—	—	3.0	1.0
	豆饼	20.0	15.0	16.5	—	—	—
	菜籽饼	—	—	—	—	12.0	13.0
	米糠饼	—	—	—	—	10.0	—
	蚕蛹粉	—	—	—	5.0	5.0	3.0
	血粉	—	—	—	—	2.0	—
	贝壳粉	1.0	1.0	—	—	—	—
	碳酸钙	—	—	1.0	1.0	1.0	0.5
	磷酸钙	—	—	—	1.0	—	0.9
	食盐	0.5	0.5	0.5	0.5	0.5	0.6
营养成分	消化能（兆焦/千克）	12.72	12.76	11.05	12.55	13.56	11.76
	粗蛋白质（%）	15.0	13.0	15.0	15.0	15.5	14.4
	粗纤维（%）	4.5	4.4	9.2	4.3	4.6	7.2
	钙（%）	0.50	0.50	0.85	0.73	0.66	0.57
	磷（%）	0.30	0.40	0.27	0.71	0.46	0.41
	赖氨酸（%）	0.72	0.62	0.62	0.70	0.66	0.57
	蛋氨酸（%）	0.18	0.17	0.12	0.26	0.25	+0.76
	胱氨酸（%）	0.18	0.16	0.20	0.20	0.24	

配方 15 试用于沂蒙黑猪，日增重 484 克。

表4-91　35~60千克体重生长肥育猪的饲料配方（19~24）

	配方编号	19	20	21	22	23	24
饲料配合比例（%）	玉米	26.0	28.0	59.3	15.0	22.5	—
	大麦	—	—	—	20.0	42.0	10.0
	荞麦	—	—	—	—	—	10.0
	小麦	—	—	—	5.0	—	—
	高粱	10.0	—	—	—	—	—
	糜子	—	—	—	—	—	15.0
	稻谷粉	—	—	—	20.0	—	—
	麸皮	20.0	35.0	20.0	10.0	10.0	15.0
	统糠	11.0	—	6.8	—	—	—
	草木犀干草粉	—	—	—	—	—	20.0
	豌豆	—	—	—	—	—	20.0
	蚕豆	2.0	—	—	—	—	—
	豆饼	—	—	12.4	—	—	—
	棉籽饼	—	7.0	—	5.0	—	—
	菜籽饼	18.0	12.0	—	5.0	10.0	—
	胡麻饼	—	—	—	—	—	10.0
	米糠饼	10.0	15.0	—	15.0	12.0	—
	蚕蛹粉	2.0	2.0	—	4.0	2.0	—
	骨粉	—	1.0	—	—	—	—
	磷酸钙	—	—	—	1.0	1.5	—
	贝壳粉	1.0	—	1.2	—	—	—
	食盐	—	—	0.3	—	—	—
营养成分	消化能（兆焦/千克）	11.25	11.80	12.51	12.64	12.51	11.05
	粗蛋白质（%）	16.2	17.0	13.3	15.2	15.1	16.2
	粗纤维（%）	8.0	6.9	5.4	6.5	6.6	6.0
	钙（%）	0.52	0.49	0.51	0.51	0.65	0.20
	磷（%）	0.70	0.90	0.43	0.68	0.75	0.31
	赖氨酸（%）	0.62	0.76	0.61	0.56	0.57	0.74
	蛋氨酸（%）	0.33	0.37	+0.61	0.25	0.27	0.25
	胱氨酸（%）	0.33	0.22		0.25	0.20	0.23

配方19、配方20、配方22~24需另加食盐0.3%。配方21试用于汉花猪与广东花猪杂交猪，日增重686克。配方19中菜籽饼用量过高，对猪的甲状腺有影响。

表 4-92　35～60 千克体重生长肥育猪的饲料配方（25～30）

	配方编号	25	26	27	28	29	30
饲料配合比例（%）	玉米	—	16.0	—	20.0	20.0	40.0
	大麦	32.0	20.0	—	35.0	20.0	—
	高粱	—	—	—	—	—	20.0
	次粉	—	—	50.5	—	—	20.5
	稻谷粉	8.0	10.0	18.0	—	—	—
	甘薯粉	—	—	—	16.5	21.5	—
	麸皮	20.0	15.0	17.0	5.0	10.0	—
	二八统糠	—	30.0	—	—	—	—
	草粉	—	—	—	10.0	15.0	—
	黄豆	—	—	6.0	—	—	—
	豆饼	—	—	—	12.0	12.0	8.5
	棉籽饼	—	—	8.0	—	—	—
	菜籽饼	10.0	4.0	—	—	—	10.0
	米糠饼	25.0	—	—	—	—	—
	蚕蛹粉	3.5	3.5	—	—	—	—
	骨粉	—	1.0	—	1.0	1.0	0.1
	贝壳粉	1.0	—	—	—	—	0.6
	食盐	0.5	0.5	0.5	0.5	0.5	0.3
营养成分	消化能(兆焦/千克)	12.51	9.79	12.89	12.13	11.88	13.05
	粗蛋白质(%)	15.8	12.2	15.0	12.5	12.3	14.1
	粗纤维(%)	8.6	4.4	4.7	6.5	7.4	3.0
	钙(%)	0.71	0.50	0.64	0.43	0.45	0.41
	磷(%)	0.84	0.48	0.51	0.29	0.30	0.53
	赖氨酸(%)	0.71	0.59	0.57	0.53	0.52	0.80
	蛋氨酸(%)	0.34	0.26	0.22	0.19	0.20	+0.56
	胱氨酸(%)	0.22	0.16	0.24	0.23	0.23	

配方 30 试用于杂种猪，日增重 566 克。

表4-93 35～60千克体重生长肥育猪的饲料配方（31～36）

	配方编号	31	32	33	34	35	36
饲料配合比例（%）	玉米	40.2	39.0	60.5	61.5	68.0	50.7
	小麦	—	9.0	—	—	—	—
	高粱	—	—	—	5.0	—	—
	碎米	8.8	—	—	—	—	—
	稻谷粉	—	—	—	—	—	12.0
	麸皮	15.9	15.0	17.0	13.0	12.5	5.0
	细麦麸	—	—	—	—	—	10.0
	统糠	—	13.3	—	—	—	—
	豌豆	9.4	1.9	15.0	—	—	—
	蚕豆	10.0	—	—	—	—	—
	豆饼	3.5	—	—	15.0	—	21.0
	菜籽饼	—	13.0	—	—	—	—
	花生饼	3.0	—	—	—	—	—
	向日葵饼	—	—	—	4.0	8.0	—
	豆粕	—	—	—	—	10.0	—
	蚕蛹粉	6.8	7.0	5.0	—	—	—
	骨粉	—	—	—	1.0	1.0	1.0
	碳酸钙	0.4	0.5	1.0	—	—	—
	磷酸氢钙	1.5	0.9	1.0	—	—	—
	食盐	0.5	0.4	0.5	0.5	0.5	0.3
营养成分	消化能(兆焦/千克)	13.01	12.55	12.76	12.93	12.97	12.84
	粗蛋白质(%)	16.7	16.8	14.0	14.6	13.2	15.6
	粗纤维(%)	4.1	6.7	3.7	3.7	4.0	4.4
	钙(%)	0.55	0.60	0.72	0.41	0.41	0.40
	磷(%)	0.42	0.69	0.64	0.34	0.32	0.53
	赖氨酸(%)	0.89	0.70	0.63	0.68	0.68	0.77
	蛋氨酸(%)	0.24	0.33	0.21	0.24	0.15	0.18
	胱氨酸(%)	0.27	0.22	0.22	0.19	0.19	0.20

表4-94　35～60千克体重生长肥育猪的饲料配方（37～42）

	配方编号	37	38	39	40	41	42
饲料配合比例（%）	玉米	47.0	10.0	55.0	50.0	54.6	56.6
	大麦	11.0	—	—	—	—	—
	高粱	8.5	—	—	—	—	—
	碎米	—	10.0	—	—	—	—
	稻谷粉	—	10.0	—	—	—	—
	麸皮	7.0	14.0	12.0	15.0	10.0	15.0
	细米糠	—	—	—	16.0	20.0	16.0
	草粉	4.0	15.0	—	—	—	—
	豆饼	6.5	10.0	—	14.0	10.0	3.0
	棉籽饼	—	10.0	—	—	—	—
	菜籽饼	5.0	—	—	—	—	—
	胡麻饼	6.0	—	—	—	—	—
	向日葵饼	—	—	15.0	—	—	—
	米糠饼	—	20.0	—	—	—	—
	玉米胚芽饼	—	—	15.0	—	—	—
	血粉	4.0	—	—	—	—	—
	酵母粉	—	—	—	4.0	4.0	8.0
	贝壳粉	—	—	1.5	—	—	—
	碳酸钙	—	—	—	0.8	0.8	0.8
	微量元素添加剂	1.0	1.0	1.0	0.2	0.2	0.2
	食盐	—	—	0.5	—	0.4	0.4
营养成分	消化能（兆焦/千克）	12.80	11.46	12.72	13.11	13.05	12.97
	粗蛋白质（%）	16.8	15.8	14.0	15.5	14.0	13.4
	粗纤维（%）	4.6	9.1	5.1	4.5	4.4	4.1
	钙（%）	0.40	0.17	0.61	0.45	0.43	0.44
	磷（%）	0.12	0.71	0.55	0.45	0.55	0.58
	赖氨酸（%）	0.83	0.73	0.65	0.79	0.69	0.65
	蛋氨酸（%）	0.30	0.31	0.38	0.31	0.31	0.31
	胱氨酸（%）	0.21	0.22	0.25	0.25	0.23	0.29

配方37、配方38、配方40需另加食盐0.3%。配方40经试用，自由采食，日增重627克；限量饲喂，日增重583克。配方42经试用，自由采食日增重628克，限量饲喂日增重534克。

表 4-95　35~60 千克体重生长肥育猪的饲料配方（43~48）

	配方编号	43	44	45	46	47	48
饲料配合比例(%)	玉米	15.0	16.0	14.0	14.5	15.0	16.0
	大麦	41.0	42.0	38.0	39.0	41.0	42.0
	麸皮	12.0	13.0	—	—	—	—
	米糠	12.0	12.0	10.0	12.0	12.0	12.0
	草粉	—	—	12.0	12.0	12.0	13.0
	豆饼	3.2	2.7	4.5	3.5	3.0	2.0
	棉籽饼	9.0	8.2	12.5	11.0	9.0	8.0
	菜籽饼	5.0	3.4	5.5	4.5	4.5	4.0
	鱼粉	1.5	1.4	2.0	2.0	2.0	1.5
	骨粉	0.8	0.8	1.0	1.0	1.0	1.0
	贝壳粉	0.5	0.5	0.5	0.5	0.5	0.5
营养成分	消化能(兆焦/千克)	12.13	12.13	11.30	11.30	11.30	11.30
	粗蛋白质(%)	15.0	14.0	14.8	14.4	14.0	13.0
	粗纤维(%)	6.9	6.9	9.0	9.0	9.0	9.0
	钙(%)	0.63	0.59	0.75	0.68	0.58	0.53
	磷(%)	0.59	0.65	0.72	0.65	0.61	0.59
	赖氨酸(%)	0.57	0.54	0.64	0.60	0.56	0.53
	蛋氨酸(%)	0.32	0.31	0.27	0.27	0.26	0.25
	胱氨酸(%)	0.22	0.20	0.20	0.20	0.18	0.18

配方 43~106（除配方 51、配方 102 外）为有鱼粉饲料配方。配方 43~48 需另加食盐 0.3%。配方 45~48 有草粉。优质草粉气味芳香，适口性好，含有较多的蛋白质、维生素和矿物质，是一种节粮型饲料。

表4-96　35~60千克体重生长肥育猪的饲料配方（49~54）

	配方编号	49	50	51	52	53	54
饲料配合比例（%）	玉　米	33.5	38.5	43.0	38.5	43.0	51.9
	大　麦	40.0	40.0	40.0	40.0	40.0	30.0
	麸　皮	5.0	5.0	5.0	6.0	6.0	5.0
	槐叶粉	3.0	3.0	3.0	3.0	3.0	3.0
	豆　饼	13.0	10.0	7.5	5.0	2.5	4.0
	鱼　粉	4.0	2.0	—	6.0	4.0	4.3
	骨　粉	1.0	1.0	1.0	1.0	1.0	1.3
	食　盐	0.5	0.5	0.5	0.5	0.5	0.5
营养成分	消化能（兆焦/千克）	13.14	13.22	13.26	13.14	13.14	13.26
	粗蛋白质（%）	16.3	14.3	12.4	15.1	13.1	14.0
	粗纤维（%）	4.7	4.6	4.6	4.5	4.5	4.5
	钙（%）	0.58	0.51	0.44	0.63	0.56	0.67
	磷（%）	0.37	0.35	0.34	0.63	0.57	0.58
	赖氨酸（%）	0.82	0.65	0.49	0.77	0.62	0.57
	蛋氨酸（%）	0.23	0.20	0.17	0.23	0.21	+0.27
	胱氨酸（%）	0.20	0.17	0.14	0.24	0.21	

配方49~54是以玉米、大麦、槐叶粉、豆饼、鱼粉为主组成的配合饲料，是华北地区常见的饲料，按饲养标准配制，经试用，日增重550~650克。槐叶粉可用豆科草粉代替。

表4-97 35～60千克体重生长肥育猪的饲料配方（55～60）

	配方编号	55	56	57	58	59	60
饲料配合比例（%）	玉米	10.0	—	31.0	33.0	22.0	57.2
	大麦	10.0	10.0	—	—	—	25.0
	荞麦	23.0	20.0	—	—	—	—
	糜子	10.0	15.0	—	—	—	—
	青稞	—	—	27.0	14.0	9.0	—
	麸皮	5.0	21.0	24.0	16.0	16.0	5.0
	草木犀干草粉	3.0	8.0	3.0	17.0	31.0	3.0
	豌豆	20.0	10.0	8.0	9.0	10.0	—
	豆饼	—	—	—	—	—	4.0
	胡麻饼	15.0	12.0	5.0	9.0	10.0	—
	鱼粉	3.0	3.0	1.0	1.0	1.0	4.0
	骨粉	0.5	0.5	—	—	—	1.3
	微量元素添加剂	—	—	0.5	0.5	0.5	—
	食盐	0.5	0.5	0.5	0.5	0.5	0.5
营养成分	消化能(兆焦/千克)	12.18	11.34	13.93	12.68	10.46	13.35
	粗蛋白质(%)	17.3	17.3	14.8	14.7	14.9	13.5
	粗纤维(%)	6.6	7.3	4.5	8.0	11.7	4.5
	钙(%)	0.45	0.43	0.17	0.19	0.23	0.65
	磷(%)	0.43	0.49	0.48	0.41	0.38	0.57
	赖氨酸(%)	0.84	0.80	0.61	0.61	0.63	0.50
	蛋氨酸(%)	0.26	0.34	0.24	0.21	0.21	+0.27
	胱氨酸(%)	0.25	0.22	0.17	0.18	0.18	

配方57～59适于甘肃、青海等地区使用。配方59粗纤维含量偏高。配方60试用于杂种猪，日增重651克。

表 4-98　35~60 千克体重生长肥育猪的饲料配方（61~66）

	配方编号	61	62	63	64	65	66
饲料配合比例（%）	玉米	—	61.5	64.0	51.0	54.5	14.0
	大麦	45.0	—	—	—	—	20.0
	高粱	15.0	8.0	9.0	13.0	12.5	—
	麸皮	5.0	12.5	12.0	16.0	15.5	24.0
	米糠	—	—	—	—	—	15.0
	酱油渣	5.0	—	—	—	—	—
	苜蓿粉	5.0	—	—	—	—	—
	槐叶粉	—	2.0	2.0	5.0	6.0	—
	豆饼	8.0	12.0	9.0	12.0	8.0	—
	棉籽饼	10.0	—	—	—	—	—
	菜籽饼	—	—	—	—	—	9.0
	米糠饼	—	—	—	—	—	15.0
	鱼粉	4.5	3.0	3.0	2.0	2.5	2.0
	骨粉	—	—	—	—	—	1.0
	石粉	0.5	0.6	0.6	0.6	0.6	—
	磷酸钙	0.5	—	—	—	—	—
	活性炭	1.5	—	—	—	—	—
	食盐	—	0.4	0.4	0.4	0.4	—
营养成分	消化能（兆焦/千克）	11.59	13.35	13.35	13.14	13.14	12.43
	粗蛋白质（%）	11.9	14.5	13.4	14.6	13.6	15.3
	粗纤维（%）	5.2	4.2	3.0	3.3	3.1	8.0
	钙（%）	0.48	0.41	0.41	0.38	0.39	0.59
	磷（%）	0.55	0.45	0.44	0.43	0.43	0.68
	赖氨酸（%）	0.70	0.69	0.62	0.70	0.64	0.69
	蛋氨酸（%）	0.24	0.21	0.20	0.22	0.21	0.39
	胱氨酸（%）	0.23	0.17	0.16	0.16	0.16	0.21

配方 61、配方 66 需另加食盐 0.3%。经试用：配方 62 日增重 574 克；配方 63 日增重 600 克；配方 64 日增重 579 克。

表4-99　35～60千克体重生长肥育猪的饲料配方（67～72）

	配方编号	67	68	69	70	71	72
饲料配合比例（%）	玉米	3.0	15.0	17.0	28.1	45.0	45.6
	大麦	10.0	22.0	18.0	—	—	—
	次粉	—	—	—	33.0	—	—
	甘薯粉	—	—	10.0	—	—	—
	麸皮	—	8.0	20.0	20.0	35.0	18.0
	米糠	30.0	—	—	—	—	—
	统糠	—	—	3.0	—	—	17.0
	蚕豆皮	—	16.8	—	—	—	—
	黄豆	—	—	—	12.0	6.6	8.0
	豆饼	3.0	—	—	—	—	—
	棉籽饼	—	—	7.0	—	—	—
	菜籽饼	12.0	10.0	4.0	5.0	8.0	6.0
	米糠饼	36.0	20.0	15.5	—	—	—
	鱼粉	4.0	3.0	3.0	1.0	4.0	4.0
	骨粉	2.0	2.2	2.0	—	—	—
	石粉	—	—	—	0.5	1.0	1.0
	微量元素添加剂	—	0.7	—	—	—	—
	四环素渣	—	2.0	—	—	—	—
	食盐	—	0.3	0.5	0.4	0.4	0.4
营养成分	消化能（兆焦/千克）	11.76	11.72	12.43	12.97	12.18	11.21
	粗蛋白质（%）	15.5	18.0	14.3	16.2	15.9	14.3
	粗纤维（%）	5.9	9.2	5.6	3.9	5.5	3.7
	钙（%）	1.28	0.88	0.81	0.72	0.63	0.67
	磷（%）	0.90	1.07	0.95	0.61	0.64	0.55
	赖氨酸（%）	0.86	0.83	0.57	0.74	0.85	0.80
	蛋氨酸（%）	0.26	0.44	0.29	0.27	0.36	0.26
	胱氨酸（%）	0.20	0.23	0.16	0.24	0.19	0.17

配方67需另加0.3%的食盐。四环素渣需经饲料监测部门检验，出栏前休药1周。

表4-100　35～60千克体重生长肥育猪的饲料配方（73～78）

	配方编号	73	74	75	76	77	78
饲料配合比例（%）	玉米	41.9	39.8	40.2	40.0	36.0	40.0
	大麦	7.6	7.6	7.6	7.6	10.4	—
	高粱	—	—	—	—	—	5.0
	次粉	26.6	26.6	24.0	22.4	24.6	8.0
	麸皮	—	—	—	—	—	12.0
	蚕豆	4.8	4.8	4.8	4.8	5.1	—
	豆饼	7.3	5.0	4.0	2.0	15.0	—
	棉籽饼	—	—	—	—	—	3.0
	菜籽饼	—	8.0	13.0	18.0	—	15.0
	米糠饼	—	—	—	—	—	12.5
	鱼粉	9.6	6.0	4.0	2.5	7.5	1.0
	蚕蛹粉	—	—	—	—	—	2.0
	骨粉	1.5	1.5	1.7	2.0	0.6	—
	碳酸钙	—	—	—	—	—	1.0
	微量元素添加剂	0.5	0.5	0.3	0.5	0.5	—
	食盐	0.2	0.2	0.4	0.2	0.3	0.5
营养成分	消化能(兆焦/千克)	12.55	13.47	13.77	13.85	16.36	12.97
	粗蛋白质(%)	15.9	16.0	15.9	15.8	16.4	15.3
	粗纤维(%)	2.4	3.1	3.6	4.0	2.8	5.1
	钙(%)	1.36	1.26	1.04	1.08	0.90	0.65
	磷(%)	0.98	1.12	0.98	1.04	0.72	0.56
	赖氨酸(%)	0.85	0.77	0.73	0.69	0.94	0.67
	蛋氨酸(%)	0.24	0.24	0.24	0.24	0.24	0.28
	胱氨酸(%)	0.25	0.26	0.26	0.26	0.26	0.21

配方76、配方78中菜籽饼为白菜型菜籽饼，用量15%以上对猪的甲状腺功能有影响，对增重和肉的化学成分无影响。35～60千克体重生长肥育猪的饲料配方中，此菜籽饼的用量以13%最为合适。

表 4-101 35~60 千克体重生长肥育猪的饲料配方（79~84）

	配方编号	79	80	81	82	83	84
饲料配合比例(%)	玉米	36.0	35.5	34.5	31.5	45.7	28.0
	大麦	10.0	10.4	10.4	28.5	11.0	26.0
	次面粉	24.0	22.4	21.4	20.0	—	—
	高粱	—	—	—	—	11.0	—
	麸皮	—	—	—	—	15.0	20.0
	混合糠	—	—	—	—	—	4.5
	槐叶粉	—	—	—	—	5.0	—
	蚕豆	5.0	5.1	6.1	—	—	4.0
	豆饼	10.0	7.0	4.0	13.5	7.0	12.0
	菜籽饼	8.0	13.0	18.0	—	—	—
	鱼粉	6.0	5.0	4.0	4.5	3.0	4.0
	骨粉	0.5	0.7	0.8	0.5	2.0	—
	贝壳粉	—	—	—	0.4	—	—
	蛋壳粉	—	—	—	—	—	1.0
	微量元素添加剂	0.3	0.2	0.3	0.3	—	—
	猪用多维素	0.2	0.2	0.2	0.3	—	—
	食盐	—	0.5	0.3	0.5	0.3	0.5
营养成分	消化能(兆焦/千克)	13.64	14.31	15.40	12.72	12.85	12.18
	粗蛋白质(%)	16.2	16.8	16.9	16.0	12.5	16.2
	粗纤维(%)	3.4	3.9	4.3	3.3	3.4	4.7
	钙(%)	1.04	1.09	0.98	0.61	0.79	0.59
	磷(%)	0.78	0.83	0.88	0.59	0.71	0.54
	赖氨酸(%)	0.88	0.85	0.81	0.82	0.63	0.83
	蛋氨酸(%)	0.26	0.27	0.27	0.27	0.25	0.32
	胱氨酸(%)	0.27	0.28	0.29	0.22	0.15	0.19

配方 79 需另加食盐 0.3%。配方 79~81 中的菜籽饼以云南省白菜型菜籽饼为试验材料。试验结果：在能量、粗蛋白质同等、任意采食、不喂青饲料的条件下，平均日采食量配方 79 为 1940 克，配方 80 为 1850 克，配方 81 为 1720 克；平均日增重分别为 513 克，506 克和 482 克。为了合理利用白菜型菜籽饼饲养 35~60 千克体重

的生长肥育猪，建议用量控制在13%左右，用18%则对甲状腺功能有影响。

表4-102　35～60千克体重生长肥育猪的饲料配方（85～90）

	配方编号	85	86	87	88	89	90
饲料配合比例（%）	玉米	5.0	50.5	30.0	30.0	40.0	42.0
	大麦	—	—	—	—	—	25.0
	小麦粉	25.0	10.0	13.0	—	—	—
	稻谷粉	20.0	8.0	13.0	36.0	—	—
	木薯	20.0	—	6.0	—	—	—
	麸皮	12.0	15.0	20.0	—	28.0	5.0
	米糠	—	—	—	10.0	8.0	—
	豆饼	—	—	—	—	8.0	10.0
	花生饼	10.0	10.0	10.0	13.0	7.0	10.0
	鱼粉	6.0	5.0	5.0	9.0	5.0	7.0
	骨粉	2.0	1.0	—	0.6	1.0	0.5
	贝壳粉	—	—	2.0	—	1.0	—
	微量元素添加剂	—	—	1.0	0.5	1.0	—
	维生素添加剂	—	0.5	—	0.5	1.0	—
	食盐	—	—	—	0.4	—	0.5
营养成分	消化能（兆焦/千克）	13.08	13.42	12.82	13.18	12.01	13.26
	粗蛋白质（%）	15.7	15.7	15.6	16.5	15.0	19.4
	粗纤维（%）	4.2	3.4	3.9	5.5	4.5	3.8
	钙（%）	1.0	0.6	1.04	0.60	0.90	0.53
	磷（%）	0.71	0.64	0.53	0.69	0.65	0.61
	赖氨酸（%）	0.65	0.61	0.63	0.77	0.84	0.87
	蛋氨酸（%）	0.24	0.24	0.23	0.19	0.30	0.29
	胱氨酸（%）	0.22	0.23	0.23	0.27	0.25	0.21

配方85～87及配方89需另加食盐0.3%。

表 4-103　35~60 千克体重生长肥育猪的饲料配方（91~96）

	配方编号	91	92	93	94	95	96
饲料配合比例（%）	玉米	40.0	—	10.0	10.0	55.5	31.5
	大麦	—	—	—	—	20.1	28.1
	高粱	10.0	—	—	—	—	—
	次粉	—	—	—	—	—	20.0
	稻谷粉	—	—	10.0	10.0	—	—
	糙米	—	14.5	—	—	—	—
	碎米	—	47.0	20.0	20.0	—	—
	细米	—	28.0	—	—	—	—
	麸皮	10.0	—	20.0	20.0	—	—
	统糠	14.5	—	—	—	—	—
	草粉	—	—	5.0	5.0	—	—
	豆饼	—	—	10.0	10.0	16.4	13.4
	胡麻饼	20.0	—	—	—	—	—
	米糠饼	—	—	20.0	20.0	—	—
	鱼粉	4.5	8.5	4.0	4.0	5.5	4.5
	骨粉	—	—	—	1.0	0.5	0.5
	贝壳粉	—	—	—	—	0.5	0.4
	微量元素添加剂	1.0	—	1.0	—	1.0	1.0
	石粉	—	1.6	—	—	—	—
	食盐	—	0.4	—	—	0.5	0.6
营养成分	消化能（兆焦/千克）	11.51	13.81	12.09	12.09	13.14	13.14
	粗蛋白质（%）	14.4	11.9	15.6	15.6	16.6	16.0
	粗纤维（%）	6.4	0.8	5.1	5.1	3.2	3.3
	钙（%）	0.33	0.98	0.28	0.61	0.62	0.56
	磷（%）	0.55	0.89	0.81	0.55	0.53	0.47
	赖氨酸（%）	0.70	0.59	0.80	0.65	0.80	0.74
	蛋氨酸（%）	0.31	0.28	0.30	0.38	0.24	0.25
	胱氨酸（%）	0.18	0.21	0.24	0.25	0.19	0.24

配方 91、配方 93、配方 94 需另加食盐 0.3%。

表 4-104　35～60 千克体重生长肥育猪的饲料配方（97～102）

	配方编号	97	98	99	100	101	102
饲料配合比例（%）	玉米	20.0	7.0	16.0	25.0	15.0	37.0
	大麦	20.0	50.0	40.0	—	20.0	34.5
	次粉	—		—	15.0	—	—
	稻谷	10.0		—	—	—	—
	麸皮	28.0	23.0	20.0	20.0	24.0	9.0
	统糠	—		—	6.0	—	—
	棉籽饼	10.0	—	10.0	8.0	—	10.0
	菜籽饼	10.0	8.0	5.0	12.0	9.0	8.0
	米糠饼	—	10.0	5.0	10.0	29.0	—
	鱼粉	1.0	1.0	4.0	1.0	2.0	—
	蚕蛹粉	1.0		—	2.0	—	—
	蛋壳粉	—		—	0.5	1.0	1.0
	磷酸钙	—	1.0	—	—	—	—
	食盐	—	—	—	0.5	—	0.5
营养成分	消化能(兆焦/千克)	13.22	12.18	12.55	12.22	12.18	12.55
	粗蛋白质(%)	16.8	14.4	16.9	16.2	14.5	14.4
	粗纤维(%)	6.7	6.0	7.1	5.9	8.2	5.9
	钙(%)	0.20	0.34	0.36	0.68	0.59	0.52
	磷(%)	0.50	0.63	0.98	0.64	0.89	0.44
	赖氨酸(%)	0.60	0.61	0.62	0.64	0.70	0.70
	蛋氨酸(%)	0.32	0.30	0.31	0.29	0.33	+0.68
	胱氨酸(%)	0.25	0.22	0.22	0.22	0.22	

配方 97～102 是以玉米、大麦、次面粉、麸皮、统糠、棉籽饼、菜籽饼、鱼粉等组成的配合饲料，是华中地区常见饲料配制的典型日粮。配方 97、配方 98、配方 99、配方 101 需另加食盐 0.3%。

表4-105 35~60千克体重生长肥育猪的饲料配方（103~106）

	配方编号	103	104	105	106
饲料配合比例（%）	玉米	34.0	44.0	43.0	39.0
	碎米	12.0	10.0	7.0	15.0
	麸皮	20.0	12.0	15.0	15.0
	米糠	10.0	10.0	10.0	10.0
	酱油渣	—	4.0	5.0	5.0
	青饲料	3.7	—	1.0	—
	豆饼	16.0	16.0	15.0	14.0
	鱼粉	3.0	2.0	3.0	1.0
	碳酸钙	0.5	—	0.7	0.8
	磷酸钙	0.3	—	0.3	0.2
	添加剂	—	1.5	—	—
	食盐	0.5	0.5	—	—
营养成分	消化能(兆焦/千克)	12.59	13.31	12.55	12.72
	粗蛋白质(%)	15.3	17.3	14.9	14.3
	粗纤维(%)	4.3	3.8	4.1	4.0
	钙(%)	0.52	0.20	0.58	0.52
	磷(%)	0.64	0.53	0.61	0.56
	赖氨酸(%)	0.82	0.85	0.74	0.68
	蛋氨酸(%)	0.30	0.26	0.28	0.25
	胱氨酸(%)	0.23	0.23	0.22	0.22

配方103~106是华中地区常见饲料配制的日粮配方。配方104~106采用酱油渣作为猪饲料，可以提高饲料的适口性，它含粗蛋白质20%以上，粗脂肪15%以上。因酱油渣中含有较多的食盐，所以用量不宜过高，必须和能量饲料混匀饲用。配方105、配方106需适量添加食盐。

表 4-106 35～60 千克体重生长肥育猪的饲料配方（107～110）

	配方编号	107	108	109	110
饲料配合比例（%）	玉米	56.0	42.0	67.5	71.0
	次面粉	19.0	23.0	—	—
	麸皮	8.0	15.0	5.5	8.5
	二八统糠	5.5	6.5	—	—
	苜蓿粉	—	—	2.5	—
	豆饼	—	7.0	2.4	—
	棉籽饼	—	—	8.0	8.0
	向日葵饼	—	—	5.1	8.0
	蛋白粉	10.0	5.0	—	—
	单细胞蛋白粉	—	—	7.5	3.0
	骨粉	0.3	0.3	1.0	1.0
	贝壳粉	0.7	0.7	—	—
	食盐	0.5	0.5	0.5	0.5
营养成分	消化能(兆焦/千克)	13.10	12.84	13.18	12.97
	粗蛋白质(%)	15.7	15.8	15.7	13.7
	粗纤维(%)	3.6	4.9	3.3	3.61
	钙(%)	0.39	0.43	1.21	0.96
	磷(%)	0.39	0.47	0.47	0.48
	赖氨酸(%)	0.71	0.68	0.60	0.49
	蛋氨酸＋胱氨酸(%)	0.51	0.47	0.48	0.45

配方 107、配方 108 中的蛋白粉是从以蚕豆为原料生产粉丝的废浆水中提取的，其粗蛋白质含量在 65% 以上，赖氨酸含量高达 4%～5%，是一种优质植物性蛋白质饲料。蛋白粉饲料是解决我国蛋白质饲料资源不足的重要途径之一。饲养试验结果，日增重分别为 578 克和 510 克。配方 109、配方 110 中的单细胞蛋白粉，是以土霉素渣为原料制取的，是新开发的蛋白质资源之一；饲养试验结果，日增重分别为 473 克和 741 克。

表4-107　35~60千克体重生长肥育猪的饲料配方（111~116）

	配方编号	111	112	113	114	115	116
饲料配合比例（%）	玉米	20.0	15.0	10.0	—	—	—
	碎米	35.0	40.0	45.0	50.0	55.0	60.0
	稻谷	10.0	15.0	15.0	20.0	20.0	10.0
	菜籽粕	5.0	5.0	5.0	5.0	5.0	5.0
	肉骨粉	7.0	7.0	7.0	7.0	6.0	6.0
	蚕蛹粉	4.0	5.0	4.0	5.0	5.0	5.0
	细米糠	13.0	7.0	8.0	8.0	4.0	9.0
	青饲料	4.0	4.0	4.0	3.0	3.0	3.0
	骨粉	1.0	1.0	1.0	1.0	1.0	1.0
	添加剂	0.7	0.7	0.7	0.7	0.7	0.7
	食盐	0.3	0.3	0.3	0.3	0.3	0.3
营养成分	消化能(兆焦/千克)	12.9	12.9	12.8	12.8	12.8	13.0
	粗蛋白质(%)	15.5	15.4	15.3	15.9	15.2	15.9
	粗纤维(%)	2.9	2.9	2.9	3.2	3.0	2.5
	钙(%)	0.8	0.8	0.8	0.8	0.7	0.7
	磷(%)	0.7	0.7	0.7	0.7	0.6	0.7
	赖氨酸(%)	0.72	0.75	0.71	0.77	0.73	0.75
	蛋氨酸(%)	0.33	0.35	0.32	0.35	0.34	0.35
	胱氨酸(%)	0.21	0.21	0.21	0.22	0.21	0.22

表4-108 35~60千克体重生长肥育猪的饲料配方（117~121）

配方编号		117	118	119	120	121
饲料配合比例(%)	玉米	36.0	47.0	57.0	55.0	60.0
	次粉	25.0	20.0	15.0	7.0	8.0
	饲料酵母粉	6.0	6.0	5.0	6.0	5.0
	棉籽粕	6.0	5.0	5.0	6.0	7.0
	啤酒糟	15.0	10.0	8.0	11.0	10.0
	粉渣	10.0	10.0	8.0	13.0	8.0
	骨粉	1.0	1.0	1.0	1.0	1.0
	添加剂	0.6	0.6	0.6	0.6	0.6
	食盐	0.4	0.4	0.4	0.4	0.4
营养成分	消化能(兆焦/千克)	11.66	12.49	13.16	11.98	12.84
	粗蛋白质(%)	14.8	15.3	15.7	15.1	15.9
	粗纤维(%)	2.6	2.4	2.4	2.5	2.5
	钙(%)	0.77	0.81	0.85	0.81	0.86
	磷(%)	0.60	0.63	0.67	0.64	0.67
	赖氨酸(%)	0.66	0.68	0.67	0.66	0.67
	蛋氨酸(%)	0.20	0.21	0.22	0.22	0.23
	胱氨酸(%)	0.28	0.26	0.25	0.24	0.25

表 4-109 35~60 千克体重生长肥育猪的饲料配方（122~126）

	配方编号	122	123	124	125	126
饲料配合比例(%)	玉米	65.0	40.0	21.0	10.0	—
	麸皮	10.0	—	—	—	—
	碎米	—	25.0	45.0	55.0	65.0
	菜籽粕	4.0	5.0	5.0	4.0	5.0
	棉籽粕	4.0	2.0	3.0	4.0	5.0
	豆粕	4.0	4.0	2.0	3.0	2.0
	肠衣粉	5.0	5.0	6.0	6.0	8.0
	细米糠	—	10.0	10.0	10.0	8.0
	青饲料	4.7	5.7	4.7	4.7	3.7
	骨粉	2.0	2.0	2.0	2.0	2.0
	添加剂	1.0	1.0	1.0	1.0	1.0
	食盐	0.3	0.3	0.3	0.3	0.3
营养成分	消化能(兆焦/千克)	12.74	12.48	12.30	12.35	12.29
	粗蛋白质(%)	15.2	14.9	15.1	15.6	16.7
	粗纤维(%)	2.8	2.6	2.4	2.3	2.1
	钙(%)	0.84	0.71	0.72	0.73	0.74
	磷(%)	0.61	0.62	0.62	0.63	0.63
	赖氨酸(%)	0.59	0.61	0.63	0.66	0.71
	蛋氨酸(%)	0.20	0.22	0.22	0.23	0.24
	胱氨酸(%)	0.32	0.32	0.35	0.36	0.42

表4-110　35～60千克体重生长肥育猪的饲料配方（127～130）

	配方编号	127	128	129	130
饲料配合比例（%）	玉米	65.0	40.0	20.0	—
	麸皮	10.0	—	—	—
	碎米	—	30.0	47.0	68.0
	细米糠	—	8.0	8.0	6.0
	菜籽粕	4.0	2.0	5.0	5.0
	棉籽粕	4.0	4.0	3.0	5.0
	豆粕	4.0	4.0	4.0	4.0
	粉浆蛋白粉	5.0	5.0	6.0	5.0
	青饲料	3.7	2.7	2.7	2.7
	骨粉	3.0	3.0	3.0	3.0
	添加剂	1.0	1.0	1.0	1.0
	食盐	0.3	0.3	0.3	0.3
营养成分	消化能（兆焦/千克）	12.92	13.00	12.52	12.13
	粗蛋白质（%）	15.1	14.5	15.8	15.6
	粗纤维（%）	3.1	2.7	2.7	2.6
	钙（%）	0.94	0.95	0.96	0.97
	磷（%）	0.72	0.75	0.76	0.74
	赖氨酸（%）	0.67	0.68	0.75	0.74
	蛋氨酸（%）	0.19	0.20	0.20	0.21
	胱氨酸（%）	0.22	0.21	0.23	0.23

表 4-111　35～60 千克体重生长肥育猪的饲料配方（131～134）

配方编号		131	132	133	134
饲料配合比例（%）	玉米	69.8	73.6	68.8	68.0
	豆粕	24.0	20.5	25.0	18.0
	麦麸	—	—	—	11.0
	豆油	3.6	2.8	3.0	—
	磷酸氢钙	0.9	0.9	1.7	0.6
	石粉	0.4	0.6	0.7	1.0
	赖氨酸	0.3	0.3	—	0.1
	添加剂	0.7	1.0	0.5	1.0
	食盐	0.3	0.3	0.3	0.3
营养成分	消化能（兆焦/千克）	14.23	14.09	15.40	13.08
	粗蛋白质（%）	15.6	16.1	16.9	15.3
	粗纤维（%）	2.0	1.9	2.0	2.7
	钙（%）	0.51	0.70	0.77	0.73
	磷（%）	0.46	0.44	0.64	0.50
	赖氨酸（%）	0.95	0.92	0.90	0.76
	蛋氨酸（%）	0.26	0.23	0.25	0.23
	胱氨酸（%）	0.27	0.25	0.26	0.24
	苏氨酸（%）	0.63	0.61	0.68	0.60

配方 131 的添加剂可用维生素添加剂配方 25、微量元素添加剂配方 25。

配方 132 的添加剂可用维生素添加剂配方 25、微量元素添加剂配方 30。

表 4-112　35～60 千克体重生长肥育猪的饲料配方（135～139）

	配方编号	135	136	137	138	139
饲料配合比例（%）	玉米	64.8	65.0	69.0	69.5	73.4
	豆粕	16.6	18.0	25.3	22.4	20.5
	菜籽粕	5.0	4.0	—	—	—
	麦麸	12.0	—	3.1	—	—
	次粉	—	4.0	—	—	—
	棕榈油	—	—	—	5.5	3.3
	磷酸氢钙	0.4	1.5	0.8	0.7	0.7
	石粉	—	1.0	0.8	0.8	0.8
	沸石粉	—	5.0	—	—	—
	小苏打	—	—	0.1	0.1	0.1
	赖氨酸	0.3	0.2	0.1	0.1	0.3
	添加剂	0.6	1.0	0.5	0.6	0.6
	食盐	0.3	0.3	0.3	0.3	0.3
营养成分	消化能(兆焦/千克)	13.02	12.62	13.30	15.20	14.79
	粗蛋白质(%)	16.0	15.1	17.0	15.3	14.9
	粗纤维(%)	3.0	2.0	2.3	2.4	2.4
	钙(%)	0.50	0.80	0.60	0.54	0.54
	磷(%)	0.45	0.55	0.47	0.40	0.40
	赖氨酸(%)	0.75	0.98	0.85	0.77	0.74
	蛋氨酸(%)	0.22	0.23	0.22	0.22	0.22
	胱氨酸(%)	0.23	0.24	0.26	0.24	0.24
	苏氨酸(%)	0.63	0.62	0.69	0.62	0.62

配方 136 通过试验证明：每千克饲料中添加有机硒 0.3 毫克，可以改善肥育猪鲜肉肉色，降低猪肉的滴水损失，延缓肌红蛋白的氧化过程而稳定肉色。添加剂可用维生素添加剂配方 18、矿物质添加剂配方 25 配制。

配方 137 通过试验平均日增重 630 克。添加剂可用维生素添加剂配方 17、矿物质添加剂配方 27 配制。

配方 138 适用于华南地区，平均日增重为 868 克。

配方 139 适用于华南地区，平均日增重为 830 克。

配方138、配方139的添加剂可用维生素添加剂配方24、微量元素添加剂配方33配制。

表4-113　35～60千克体重生长肥育猪的饲料配方（140～142）

	配方编号	140	141	142
饲料配合比例（%）	玉米	73.6	64.0	53.0
	豆粕	20.5	12.5	7.0
	麦麸	—	18.0	15.0
	米糠饼	—	—	20.0
	鱼粉	—	3.0	3.0
	豆油	2.9	—	—
	磷酸氢钙	0.9	0.3	0.9
	石粉	0.6	1.0	1.0
	赖氨酸	0.2	0.3	—
	添加剂	1.0	0.6	0.3
	食盐	0.3	0.3	0.3
营养成分	消化能（兆焦/千克）	14.09	13.02	13.11
	粗蛋白质（%）	16.1	15.0	15.6
	粗纤维（%）	1.8	2.9	3.7
	钙（%）	0.70	0.60	0.65
	磷（%）	0.44	0.50	0.74
	赖氨酸（%）	0.92	0.77	0.80
	蛋氨酸（%）	0.23	0.22	0.30
	胱氨酸（%）	0.25	0.23	0.29
	苏氨酸（%）	0.61	0.59	0.55

配方140适用于华南地区，平均日增重800克。

表4-114　35~60千克体重生长肥育猪的饲料配方（143~145）

配方编号		143	144	145
饲料配合比例（%）	玉米	55.8	55.3	30.0
	小麦	—	—	20.0
	大麦	—	—	10.0
	豆粕	21.0	21.2	—
	黄豆	—	—	5.0
	麦麸	15.0	15.0	10.0
	酒糟	—	—	10.0
	猪油	5.2	5.3	—
	菜籽粕	—	—	10.0
	蚕蛹	—	—	2.0
	碳酸钙	1.3	0.8	—
	磷酸氢钙	0.7	1.3	1.7
	维生素添加剂	0.1	0.1	0.5
	矿物质添加剂	0.5	0.5	0.5
	赖氨酸	0.2	0.2	—
	蛋氨酸	0.1	0.1	—
	食盐	0.1	0.2	0.3
营养成分	消化能(兆焦/千克)	14.21	14.21	13.14
	粗蛋白质(%)	16.0	16.0	15.9
	粗纤维(%)	3.0	3.0	5.7
	钙(%)	0.70	0.70	0.64
	磷(%)	0.46	0.55	0.56
	赖氨酸(%)	0.95	0.97	0.60
	蛋氨酸(%)	0.26	0.26	0.24
	胱氨酸(%)	0.31	0.30	0.26
	苏氨酸(%)	0.64	0.64	0.46

配方143、配方144适用于西南地区。

通过对两种配方进行试验，在生长猪日粮中加15%麦麸，达到最大生产性能的无机磷补充量为0.1%。目前国内养殖业中大多数仍参照总磷需要量，在猪的麦麸日粮中添加无机磷，而对麦麸中植酸磷作用认识不足，人为地造成粪磷的排出，使其对环境污染增加1/3。

平均日增重：配方143为765克，配方144为730克。添加剂可用维生素添加剂配方16、微量元素添加剂配方26。

配方145适用于西南地区。大麦品种为“威24”，每千克日粮中加1500毫克赖氨酸，平均日增重为580克。

（三）60～90千克体重生长肥育猪的饲料配方（1～165）

60～90千克体重生长肥育猪的饲料配方见表4-115至表4-142。

表4-115　60～90千克体重生长肥育猪的饲料配方（1～6）

	配方编号	1	2	3	4	5	6
饲料配合比例（%）	玉米	13.0	20.0	20.0	32.0	15.0	34.0
	大麦	45.0	25.0	25.0	30.0	25.0	10.0
	稻谷粉	—	5.0	10.0	—	5.0	5.0
	麸皮	21.0	30.0	30.0	30.0	20.0	30.0
	细米糠	—	—	5.5	—	—	—
	棉籽饼	10.0	—	—	—	—	—
	菜籽饼	5.0	5.0	8.0	3.0	6.0	5.0
	米糠饼	5.0	15.0	—	3.5	28.0	15.0
	微量元素添加剂	0.5	—	1.0	1.0	1.0	1.0
	食盐	0.5	—	0.5	0.5	—	—
营养成分	消化能（兆焦/千克）	11.88	12.22	12.26	12.55	12.18	12.51
	粗蛋白质（%）	14.5	13.0	10.1	12.5	13.8	13.9
	粗纤维（%）	6.2	7.4	6.5	6.0	8.0	6.4
	钙（%）	0.25	0.20	0.20	0.19	0.20	0.24
	磷（%）	0.68	0.67	0.67	0.64	0.82	0.82
	赖氨酸（%）	0.53	0.46	0.42	0.39	0.49	0.49
	蛋氨酸（%）	0.30	0.30	0.33	0.27	0.28	0.30
	胱氨酸（%）	0.20	0.20	0.20	0.17	0.21	0.21

配方1～54为无鱼粉饲料配方。配方2、配方5和配方6需另加0.3%食盐。配方3粗蛋白质含量偏低。

表 4-116　60～90 千克体重生长肥育猪的饲料配方（7～12）

	配方编号	7	8	9	10	11	12
饲料配合比例（%）	玉米	40.0	34.0	10.0	5.0	15.0	30.0
	大麦	28.0	10.0	26.0	31.0	24.0	14.0
	荞麦	—	10.0	10.0	5.0	—	—
	碎米	—	—	—	—	5.0	—
	麸皮	22.0	30.0	26.0	24.0	26.0	16.0
	棉籽饼	—	5.0	—	5.0	—	—
	菜籽饼	5.0	8.0	8.0	6.0	10.0	10.0
	米糠饼	5.0	3.0	20.0	24.0	20.0	30.0
营养成分	消化能（兆焦/千克）	13.01	12.64	11.88	12.18	12.38	12.68
	粗蛋白质（%）	11.9	14.8	14.6	14.2	14.6	14.6
	粗纤维（%）	5.8	5.6	8.5	8.2	7.7	7.4
	钙（%）	0.18	0.25	0.23	0.21	0.22	0.21
	磷（%）	0.54	0.68	0.54	0.68	0.75	0.62
	赖氨酸（%）	0.41	0.44	0.54	0.52	0.53	0.54
	蛋氨酸（%）	0.25	0.28	0.31	0.31	0.31	0.27
	胱氨酸（%）	0.17	0.17	0.24	0.20	0.21	0.20

配方 7～12 需另加 0.3% 食盐。

表 4-117　60～90 千克体重生长肥育猪的饲料配方（13～18）

	配方编号	13	14	15	16	17	18
饲料配合比例（%）	玉　米	32.0	35.0	79.0	67.0	50.4	59.0
	高　粱	18.0	18.0	—	—	—	—
	稻　谷	—	—	—	—	15.0	—
	麸　皮	6.0	8.0	10.0	22.0	8.0	12.0
	细麦麸	—	—	—	—	10.0	—
	草　粉	35.0	30.0	—	—	—	—
	豆　饼	8.0	8.0	3.0	—	15.0	—
	豆　粕	—	—	5.0	3.0	—	—
	向日葵饼	—	—	—	5.0	—	15.0
	玉米胚芽饼	—	—	—	—	—	10.0
	骨　粉	0.5	0.5	1.0	1.0	0.4	—
	贝壳粉	—	—	1.0	1.0	0.9	1.5
	添加剂	—	—	0.5	0.5	—	1.0
	赖氨酸	—	—	—	—	—	1.0
	食　盐	0.5	0.5	0.5	0.5	0.3	0.5
营养成分	消化能（兆焦/千克）	10.75	11.09	13.97	13.97	12.76	12.68
	粗蛋白质（%）	11.8	11.8	12.0	12.0	13.8	13.3
	粗纤维（%）	11.3	10.2	3.0	4.3	4.6	4.9
	钙（%）	0.31	0.31	0.94	0.94	0.68	0.60
	磷（%）	0.35	0.37	0.49	0.49	0.50	0.52
	赖氨酸（%）	0.43	0.43	0.43	0.42	0.60	0.54
	蛋氨酸（%）	0.15	0.16	0.15	0.26	0.21	0.18
	胱氨酸（%）	0.12	0.31	0.14	0.16	0.20	0.23

配方 17 为华南地区常用饲料配方，按饲养标准配制，用于饲养杜洛克猪×长白猪杂交猪，日增重 633 克。

表4-118　60～90千克体重生长肥育猪的饲料配方（19～24）

	配方编号	19	20	21	22	23	24
饲料配合比例（%）	玉米	48.0	85.0	47.0	55.0	16.0	15.0
	次粉	45.0	8.0	13.0	7.0	12.0	15.0
	稻谷	—	—	25.0	28.0	54.0	59.0
	豆饼	2.0	2.0	8.0	3.0	10.0	5.0
	棉籽饼	3.0	3.0	5.0	5.0	6.0	4.0
	微量元素添加剂	2.0	2.0	2.0	2.0	2.0	2.0
营养成分	消化能（兆焦/千克）	13.81	13.81	12.97	12.97	12.13	12.13
	粗蛋白质（%）	13.0	11.0	13.0	11.0	13.0	11.0
	粗纤维（%）	1.9	2.3	4.1	4.3	6.0	6.0
	钙（%）	0.09	0.06	0.10	0.08	0.12	0.11
	磷（%）	0.23	0.28	0.30	0.29	0.30	0.28
	赖氨酸（%）	0.36	0.33	0.48	0.37	0.54	0.42
	蛋氨酸（%）	0.12	0.10	0.12	0.11	0.12	0.11
	胱氨酸（%）	0.24	0.13	0.20	0.17	0.24	0.24

配方19～24是以玉米、次面粉、稻谷为能量饲料，豆饼、棉籽饼为蛋白质饲料的无鱼粉配合饲料，这一组配方需要另加0.3%食盐。配方21～24选用稻谷做能量饲料，稻谷的粗蛋白质含量近似玉米，粗纤维含量偏高。目前，在我国南方很多地方用稻谷粉做猪的能量饲料。

表 4-119　60～90 千克体重生长肥育猪的饲料配方（25～30）

	配方编号	25	26	27	28	29	30
饲料配合比例（%）	玉　米	—	55.5	61.0	63.5	—	42.0
	大　麦	15.0	—	—	—	32.0	—
	高　粱	—	—	10.0	—	—	20.0
	荞　麦	15.0	—	—	—	—	—
	糜　子	20.0	—	—	—	—	—
	麸　皮	15.0	15.0	12.0	15.0	50.0	20.7
	草木犀粉	20.0	—	—	—	—	—
	统　糠	—	13.5	—	—	—	—
	黄　豆	—	—	—	10.0	—	—
	豌　豆	10.0	—	—	—	5.0	—
	豆　饼	—	—	15.0	—	—	6.0
	菜籽饼	—	—	—	10.0	—	10.0
	胡麻饼	5.0	15.0	—	—	—	—
	米糠饼	—	—	—	—	10.0	—
	骨　粉	—	—	—	—	—	0.3
	贝壳粉	—	—	1.4	—	1.0	0.6
	石　粉	—	—	—	1.0	—	—
	微量元素添加剂	—	1.0	0.1	—	1.0	—
	维生素添加剂	—	—	—	—	1.0	—
	食　盐	—	—	0.5	0.5	—	0.4
营养成分	消化能（兆焦/千克）	10.84	11.46	12.22	12.94	11.63	13.01
	粗蛋白质（%）	14.4	9.6	13.4	13.0	13.8	14.3
	粗纤维（%）	10.4	6.6	3.2	4.3	7.8	4.5
	钙（%）	0.16	0.13	0.59	0.48	0.23	0.43
	磷（%）	0.40	0.42	0.42	0.39	0.80	0.50
	赖氨酸（%）	0.55	0.45	0.67	0.54	0.54	0.66
	蛋氨酸（%）	0.30	0.24	0.18	0.23	0.38	+0.48
	胱氨酸（%）	0.19	0.16	0.12	0.29	0.21	

配方 25、配方 26 和配方 29 需另加 0.3% 食盐。配方 26 粗蛋白质含量偏低。配方 30 试用于杂种猪日增重 609 克。

表 4-120　60～90 千克体重生长肥育猪的饲料配方（31～36）

	配方编号	31	32	33	34	35	36
饲料配合比例（%）	玉米	10.0	15.0	10.0	—	65.0	50.4
	大麦	—	—	—	20.0	15.0	—
	稻谷粉	10.0	10.0	10.0	10.0	—	15.0
	碎米	24.0	15.0	24.0	—	—	—
	甘薯粉	—	—	—	15.0	—	—
	麸皮	20.0	14.0	20.0	20.0	5.0	18.0
	米糠	—	—	—	14.0	—	—
	草粉	5.0	15.0	5.0	4.0	3.0	—
	豆饼	10.0	—	10.0	—	10.0	15.0
	黄豆	—	—	—	2.5	—	—
	蚕豆	—	—	—	2.0	—	—
	棉籽饼	—	10.0	—	10.0	—	—
	米糠饼	20.0	20.0	20.0	—	—	—
	骨粉	—	—	—	1.0	1.0	0.4
	贝壳粉	—	—	—	1.0	—	0.9
	微量元素添加剂	1.0	1.0	1.0	—	0.5	—
	食盐	—	—	—	0.5	0.5	0.3
营养成分	消化能（兆焦/千克）	11.67	11.67	12.05	10.13	13.18	13.18
	粗蛋白质（%）	14.4	12.4	10.5	12.6	12.2	14.1
	粗纤维（%）	7.1	9.1	6.3	9.9	3.6	3.7
	钙（%）	0.13	0.11	0.13	0.88	0.45	0.50
	磷（%）	0.70	0.50	0.70	0.64	0.43	0.41
	赖氨酸（%）	0.59	0.48	0.59	0.48	0.52	0.65
	蛋氨酸（%）	0.25	0.21	0.25	0.30	+0.55	+0.56
	胱氨酸（%）	0.21	0.28	0.21	0.26		

配方 31～33 需另加 0.3% 食盐。经试用日增重：配方 31 为 655 克；配方 32 为 612 克。配方 35 适用于二元和三元杂交猪。配方 36 试用于杂种猪，日增重 623 克，适合华南地区应用。

表 4-121　60~90 千克体重生长肥育猪的饲料配方（37~42）

	配方编号	37	38	39	40	41	42
饲料配合比例（%）	玉　米	40.0	44.0	45.0	48.0	55.5	66.4
	大　麦	—	—	—	—	7.0	—
	高　粱	10.0	8.0	12.0	12.0	7.0	10.0
	麸　皮	14.0	10.0	10.0	15.0	8.0	5.0
	米　糠	10.0	12.0	13.0	—	—	—
	草　粉	10.0	15.0	15.0	5.5	3.5	—
	黑　豆	7.0	5.0	2.0	—	—	—
	豆　饼	—	—	—	—	3.5	17.0
	菜籽饼	—	—	—	7.0	6.0	—
	向日葵饼	8.0	5.0	2.0	—	—	—
	胡麻饼	—	—	—	8.0	7.0	—
	血　粉	—	—	—	3.0	2.0	—
	微量元素添加剂	—	—	—	1.0	—	—
	贝壳粉	—	—	—	—	—	1.2
	食　盐	1.0	1.0	1.0	0.5	0.5	0.4
营养成分	消化能(兆焦/千克)	12.38	12.09	12.09	12.68	11.46	13.56
	粗蛋白质(%)	13.6	12.1	10.5	15.4	12.5	13.8
	粗纤维(%)	5.7	5.5	5.1	5.2	4.5	2.8
	钙(%)	0.14	0.13	0.12	0.15	0.15	0.49
	磷(%)	0.44	0.42	0.42	0.37	0.34	0.36
	赖氨酸(%)	0.57	0.49	0.38	0.69	0.66	0.65
	蛋氨酸(%)	0.36	0.30	0.25	0.26	0.21	+0.55
	胱氨酸(%)	0.16	0.13	0.12	0.20	0.18	

配方 37~42 是以豆饼、向日葵饼、黑豆等植物性蛋白质饲料组成的无鱼粉配合饲料。豆类生喂饲用价值低，整粒喂消化率也低，有的甚至不能消化，若经加热压扁或者粉碎处理，消化率即能显著提高。黑豆虽是优质蛋白质饲料，但不能多喂，多喂会引起消化障碍。配方中向日葵饼、黑豆并用可取得很好效果。配方 39 粗蛋白质含量偏低。配方 42 是东北地区的典型饲料配方。

表 4-122　60～90 千克体重生长肥育猪的饲料配方（43～48）

	配方编号	43	44	45	46	47	48
饲料配合比例（%）	玉米	10.0	—	10.0	40.0	12.0	—
	大麦	32.0	23.5	25.0	28.0	50.0	35.0
	稻谷	11.0	—	10.0	—	—	10.0
	荞麦	15.0	25.0	—	—	—	—
	碎米	—	4.0	—	—	—	—
	甘薯粉	—	15.0	10.0	—	5.0	15.0
	麸皮	15.0	20.0	30.0	17.0	—	—
	统糠	4.0	2.0	—	—	18.0	—
	豆饼	—	—	4.0	—	—	—
	棉籽饼	6.0	—	6.0	—	—	—
	菜籽饼	6.0	10.0	—	5.0	5.0	10.0
	米糠饼	—	—	4.0	10.0	5.0	30.0
	蚕蛹粉	—	—	—	—	5.0	—
	蛋壳粉	—	—	1.0	—	—	—
	添加剂	1.0	0.5	—	—	—	—
营养成分	消化能(兆焦/千克)	11.76	12.01	12.26	13.05	11.26	11.97
	粗蛋白质(%)	14.0	13.2	13.9	12.0	13.1	12.7
	粗纤维(%)	7.8	5.1	5.8	5.9	9.3	7.9
	钙(%)	0.17	0.18	0.60	0.17	0.12	0.13
	磷(%)	0.46	0.47	0.62	0.53	0.46	0.80
	赖氨酸(%)	0.49	0.52	0.38	0.40	0.52	0.52
	蛋氨酸(%)	0.25	0.30	0.30	0.23	0.28	0.23
	胱氨酸(%)	0.20	0.25	0.17	0.17	0.21	0.27

配方 44、配方 45、配方 47 和配方 48 中，采用了适量的甘薯粉做能量饲料。用甘薯做饲料，有促进消化和积累体脂的效果。鲜喂时饲用价值接近玉米，熟喂时利用率比生喂高 1 倍。由于甘薯贮存不便，一般都采用晾晒制成薯干后磨成甘薯粉。用甘薯粉喂肥育猪，可以生产优质猪肉。

表4-123　60~90千克体重生长肥育猪的饲料配方（49~54）

	配方编号	49	50	51	52	53	54
饲料配合比例（%）	玉米	29.0	52.6	55.6	60.6	27.0	62.1
	大麦	15.0	—	—	—	—	—
	小麦	—	—	—	—	7.0	—
	稻谷	10.0	—	—	—	—	—
	碎米	—	—	—	—	5.0	—
	麸皮	20.0	10.0	10.0	10.0	28.0	5.0
	细米糠	15.0	26.0	23.0	18.0	—	—
	统糠	—	—	—	—	5.0	21.0
	甘薯藤粉	—	—	—	—	16.0	3.0
	豆饼	—	10	6.0	10.0	—	—
	棉籽饼	5.0	—	—	—	—	—
	菜籽饼	5.0	—	—	—	10.0	3.0
	米糠饼	—	—	—	—	—	3.0
	酵母	—	—	4.0	—	—	—
	蚕蛹粉	—	—	—	—	—	1.0
	骨粉	—	—	—	—	—	1.2
	贝壳粉	1.0	—	—	—	—	—
	碳酸钙	—	0.8	0.8	0.8	—	—
	磷酸氢钙	—	—	—	—	1.5	—
	维生素添加剂	—	0.2	0.2	0.2	—	—
	赖氨酸	—	—	—	—	—	0.28
	蛋氨酸	—	—	—	—	—	0.12
	食盐	—	0.4	0.4	0.4	0.5	0.3
营养成分	消化能（兆焦/千克）	13.93	13.35	12.89	13.85	11.21	10.96
	粗蛋白质（%）	12.6	13.4	13.3	14.7	13.0	8.2
	粗纤维（%）	3.9	4.9	6.9	4.3	7.7	7.8
	钙（%）	0.61	0.42	0.84	0.67	0.88	0.45
	磷（%）	0.48	0.71	0.73	0.48	0.55	0.48
	赖氨酸（%）	0.52	0.56	0.51	0.53	0.52	0.58
	蛋氨酸（%）	0.38	0.37	0.39	0.26	0.38	0.27
	胱氨酸（%）	0.23	0.16	0.14	0.16	0.20	0.13

配方49需另加食盐0.3%。

表 4-124　60～90 千克体重生长肥育猪的饲料配方（55～60）

	配方编号	55	56	57	58	59	60
饲料配合比例（%）	玉米	20.0	8.0	8.0	10.0	8.5	8.0
	大麦	20.0	22.5	15.0	31.5	29.5	28.0
	麸皮	22.5	15.0	15.0	30.0	28.5	26.5
	米糠	10.0	25.0	35.0	10.0	17.0	20.0
	细米糠	12.0	15.0	15.0	10.0	10.0	13.0
	花生饼	8.5	8.0	6.5	4.5	3.0	2.0
	鱼粉	5.5	5.0	4.0	2.5	2.0	1.0
	石粉	1.0	1.0	1.0	1.0	1.0	1.0
	食盐	0.5	0.5	0.5	0.5	0.5	0.5
营养成分	消化能（兆焦/千克）	12.59	12.59	12.59	11.88	12.05	12.05
	粗蛋白质（%）	15.0	13.7	12.2	13.0	12.0	11.0
	粗纤维（%）	6.1	7.0	7.4	7.0	7.3	7.5
	钙（%）	0.69	0.68	0.64	0.58	0.61	0.52
	磷（%）	0.73	0.81	0.86	0.66	0.69	0.70
	赖氨酸（%）	0.68	0.70	0.67	1.43	0.53	0.50
	蛋氨酸（%）	0.42	0.49	0.52	0.41	0.43	0.44
	胱氨酸（%）	0.20	0.20	0.18	0.30	0.18	0.17

配方 55～120（除 112 外）是以鱼粉为动物性蛋白质的饲料配方。经试用，配方 55～57 日增重约 455 克。配方 58～60 日增重约 420 克。

表 4-125　60～90 千克体重生长肥育猪的饲料配方（61～65）

	配方编号	61	62	63	64	65
饲料配合比例（%）	大麦	42.0	50.0	50.0	30.0	50.0
	稻谷粉	15.0	10.0	18.0	55.0	18.0
	米糠	25.0	30.0	28.0	12.0	26.0
	蚕豆	10.0	5.0	1.0	0.5	1.0
	鱼粉	5.0	2.0	0.5	0.25	1.5
	蚕蛹粉	1.0	1.0	0.5	0.25	1.5
	骨粉	1.5	1.5	1.5	1.5	1.5
	食盐	0.5	0.5	0.5	0.5	0.5
营养成分	消化能(兆焦/千克)	12.55	12.55	12.30	11.63	12.38
	粗蛋白质(%)	15.0	13.0	11.0	9.0	12.0
	粗纤维(%)	7.1	7.2	7.4	7.5	7.2
	钙(%)	0.30	0.22	0.15	0.09	0.20
	磷(%)	0.73	0.77	0.69	0.46	0.70
	赖氨酸(%)	0.84	0.66	0.51	0.40	0.58
	蛋氨酸+胱氨酸(%)	0.46	0.42	0.37	0.34	0.41

经试用日增重：配方 61 为 638 克；配方 62 为 613 克；配方 63 为 626 克；配方 64 为 577 克。

表 4-126　60 ~ 90 千克体重生长肥育猪的饲料配方（66 ~ 71）

	配方编号	66	67	68	69	70	71
饲料配合比例(%)	玉米	37.0	29.5	28.0	10.0	43.0	42.0
	大麦	40.0	20.0	18.0	—	22.5	—
	小麦	—	—	—	—	10.0	—
	碎米	—	—	—	—	—	27.0
	次粉	—	—	20.0	—	—	—
	木薯	—	—	—	40.0	—	7.0
	稻谷粉	—	—	—	22.0	—	—
	麸皮	5.0	30.0	18.4	—	11.0	15.0
	混合糠	—	3.0	1.0	—	—	—
	统糠	—	—	—	7.0	—	—
	叶粉	—	—	—	—	5.0	—
	蚕豆	—	4.0	7.0	—	—	—
	豆粕	—	—	—	—	2.0	—
	豆饼	7.0	10.0	4.0	—	—	—
	花生饼	7.0	—	—	15.0	—	2.5
	鱼粉	3.0	2.0	2.0	5.0	5.0	4.0
	骨粉	0.5	—	0.5	0.2	1.0	—
	石粉	—	—	—	—	—	2.0
	蛋壳粉	—	1.0	0.6	—	—	—
	微量元素添加剂	—	—	—	0.2	—	—
	维生素添加剂	—	—	—	0.2	—	—
	食盐	0.5	0.5	0.5	0.4	0.5	0.5
营养成分	消化能(兆焦/千克)	13.31	12.26	12.18	13.05	13.14	13.10
	粗蛋白质(%)	15.9	14.5	14.5	13.8	14.3	10.0
	粗纤维(%)	4.6	6.5	4.8	5.2	4.8	5.1
	钙(%)	0.41	0.48	0.68	0.35	0.47	1.21
	磷(%)	0.49	0.52	0.49	0.29	0.51	0.41
	赖氨酸(%)	0.71	0.60	0.40	0.53	0.62	0.40
	蛋氨酸(%)	0.20	0.30	0.21	0.21	0.20	0.20
	胱氨酸(%)	0.21	0.19	0.22	0.17	0.18	0.19

配方 71 适用于杂种猪，日增重 788 克。

表 4-127　60～90 千克体重生长肥育猪的饲料配方（72～77）

	配方编号	72	73	74	75	76	77
饲料配合比例（%）	玉米	16.0	—	15.0	10.0	20.0	14.0
	大麦	—	18.5	22.0	—	—	—
	小麦	—	—	—	13.0	10.0	—
	稻谷粉	30.0	29.4	20.0	18.0	10.0	26.0
	木薯	20.0	23.8	—	—	22.0	30.0
	麸皮	—	7.1	14.5	20.0	—	—
	统糠	10.0	7.7	5.0	20.0	20.0	8.0
	花生饼	15.0	8.2	—	11.0	10.0	14.0
	米糠饼	—	—	16.0	—	—	—
	鱼粉	8.0	5.3	6.0	5.0	5.0	7.0
	骨粉	0.6	—	—	2.0	—	0.2
	贝壳粉	—	—	1.0	—	2.0	—
	微量元素添加剂	—	—	—	—	1.0	0.2
	维生素添加剂	—	—	—	1.0	—	0.2
	食盐	0.4	—	0.5	—	—	0.4
营养成分	消化能（兆焦/千克）	13.31	12.26	11.72	10.46	12.59	12.80
	粗蛋白质（%）	15.7	13.0	13.9	15.4	12.8	14.8
	粗纤维（%）	6.4	7.1	7.9	9.2	7.3	5.7
	钙（%）	0.59	0.29	0.70	0.30	1.31	0.42
	磷（%）	0.59	0.39	0.50	0.44	1.02	0.48
	赖氨酸（%）	0.68	0.50	0.60	0.60	0.55	0.61
	蛋氨酸（%）	0.25	0.27	0.25	0.32	0.18	0.23
	胱氨酸（%）	0.21	0.19	0.16	0.25	0.18	0.19

配方 72～77 采用了统糠做猪的饲料。统糠中粗纤维含量很高。据消化测定，统糠对猪的代谢能值很低，可消化粗蛋白质为负值，有机物质消化率仅高于木屑，其灰分中大部分是没有营养价值的硅酸盐。所以，统糠不适于喂猪，更不能多用。

表 4-128　60～90 千克体重生长肥育猪的饲料配方（78～83）

	配方编号	78	79	80	81	82	83
饲料配合比例（%）	玉米	55.0	58.0	30.0	33.1	38.0	71.0
	大麦	21.0	22.0	30.3	30.3	—	—
	高粱	—	—	—	—	23.0	8.5
	次粉	5.2	5.2	25.0	26.0	—	—
	麸皮	—	—	—	—	5.0	7.7
	米糠	—	—	—	—	10.0	—
	酱油渣	—	—	—	—	5.0	—
	苜蓿粉	—	—	—	—	5.0	—
	豆饼	13.8	10.6	10.6	7.3	6.0	8.0
	鱼粉	3.5	2.7	2.6	2.8	5.5	4.0
	骨粉	0.5	0.5	0.5	—	—	—
	贝壳粉	0.5	0.5	0.5	—	—	0.5
	活性炭	—	—	—	—	1.5	—
	磷酸钙	—	—	—	—	0.5	—
	碳酸钙	—	—	—	—	0.5	—
	食盐	0.5	0.5	0.5	0.5	—	0.3
营养成分	消化能（兆焦/千克）	13.39	13.39	12.72	12.68	12.34	13.81
	粗蛋白质（%）	14.5	13.0	14.5	13.0	13.6	13.7
	粗纤维（%）	3.2	3.2	3.3	3.2	3.9	2.7
	钙（%）	0.58	0.54	0.55	0.51	0.65	0.49
	磷（%）	0.44	0.42	0.50	0.49	0.53	0.42
	赖氨酸（%）	0.75	0.62	0.68	0.58	0.60	0.66
	蛋氨酸（%）	0.18	0.16	0.18	0.22	0.24	+0.60
	胱氨酸（%）	0.19	0.18	0.24	0.11	0.14	

配方 82 需另加食盐 0.3%；经试用于北京黑猪，日增重 682 克。

表 4-129 60~90 千克体重生长肥育猪的饲料配方（84~90）

	配方编号	84	85	86	87	88	89	90
饲料配合比例（%）	玉米	29.5	33.7	33.7	42.8	35.2	43.8	43.3
	碎米	24.0	25.0	30.0	24.4	30.0	20.0	20.0
	麸皮	20.0	20.0	15.0	13.0	6.0	6.0	12.0
	米糠	10.0	10.0	10.0	10.0	10.0	10.0	10.0
	酱油渣	—	—	—	5.0	5.0	5.0	5.0
	青饲料	3.8	2.0	2.0	—	—	—	—
	豆饼	8.0	7.0	7.0	—	7.0	8.0	7.0
	鱼粉	3.5	1.3	1.3	2.3	4.8	5.2	1.7
	碳酸钙	0.5	0.5	0.5	—	—	—	—
	磷酸钙	0.2	—	—	—	—	—	1.0
	活性炭	—	—	—	1.5	1.5	1.5	—
	添加剂	—	—	—	0.5	0.5	0.5	—
	食盐	0.5	0.5	0.5	0.5	—	—	—
营养成分	消化能（兆焦/千克）	12.01	12.26	12.30	12.01	12.55	12.22	12.22
	粗蛋白质（%）	13.5	12.2	11.8	9.9	13.3	13.6	12.0
	粗纤维（%）	3.4	4.0	3.6	3.1	2.8	2.8	3.4
	钙（%）	0.48	0.35	0.35	0.47	0.30	0.65	0.54
	磷（%）	0.55	0.50	0.46	0.45	0.51	0.51	0.45
	赖氨酸（%）	0.61	0.52	0.51	0.38	0.61	0.63	0.51
	蛋氨酸（%）	0.29	0.26	0.24	0.22	0.24	0.24	0.23
	胱氨酸（%）	0.20	0.19	0.20	0.16	0.20	0.18	0.18

配方 87 粗蛋白质含量偏低，可加 0.2% 赖氨酸。

表 4-130　60～90 千克体重生长肥育猪的饲料配方（91～96）

	配方编号	91	92	93	94	95	96
饲料配合比例（%）	玉米	15.0	—	20.0	26.0	30.0	7.0
	大麦	10.0	10.0	—	—	—	—
	小麦	—	—	—	—	—	24.0
	荞麦	20.0	22.0	—	—	—	—
	糜子	10.0	15.0	—	—	—	—
	木薯	—	—	—	10.0	20.0	24.0
	稻谷粉	—	—	27.0	—	—	9.0
	麸皮	10.0	20.0	25.0	21.0	15.0	5.0
	米糠	—	—	—	15.0	12.0	—
	统糠	—	—	16.0	12.0	6.0	17.0
	草木犀粉	4.0	11.0	—	—	—	—
	豌豆	15.0	10.0	—	—	—	—
	豆饼	—	—	—	9.0	—	—
	花生饼	—	—	8.0	—	10.0	9.0
	胡麻饼	10.0	8.0	—	—	—	—
	鱼粉	5.0	3.0	3.0	5.0	5.0	5.0
	骨粉	0.5	0.5	1.0	—	—	—
	贝壳粉	—	—	—	1.0	2.0	—
	维生素添加剂	—	—	—	1.0	—	—
	食盐	0.5	0.5	—	—	—	—
营养成分	消化能（兆焦/千克）	12.26	11.26	10.75	9.87	10.00	12.01
	粗蛋白质（%）	15.9	14.2	13.6	12.6	11.7	12.2
	粗纤维（%）	7.0	9.5	9.4	7.6	5.6	6.7
	钙（%）	0.46	0.49	0.56	0.62	0.95	0.90
	磷（%）	0.60	0.57	0.55	0.85	0.77	0.61
	赖氨酸（%）	0.82	0.67	0.51	0.70	0.59	0.53
	蛋氨酸（%）	0.29	0.31	0.30	0.38	0.32	0.20
	胱氨酸（%）	0.25	0.21	0.22	0.14	0.12	0.17

配方 93～96，需另加食盐 0.3%。

表 4-131　60～90 千克体重生长肥育猪的饲料配方（97～102）

	配方编号	97	98	99	100	101	102
饲料配合比例（%）	玉米	64.0	66.0	54.5	58.0	—	40.5
	大麦	—	—	—	—	30.0	—
	高粱	9.0	10.0	12.5	12.0	—	—
	碎米	—	—	—	—	10.0	20.0
	麸皮	12.0	12.0	15.5	15.0	15.0	15.0
	米糠	—	—	—	—	18.0	10.0
	槐叶粉	2.0	2.0	6.0	7.0	—	5.0
	豆饼	9.0	6.0	8.0	4.0	—	7.0
	菜籽饼	—	—	—	—	5.0	—
	米糠饼	—	—	—	—	20.0	—
	鱼粉	3.0	3.0	2.5	3.0	1.0	1.5
	骨粉	0.7	0.7	0.7	0.7	—	1.0
	碳酸钙	—	—	—	—	1.0	—
	食盐	0.3	0.3	0.3	0.3	—	—
营养成分	消化能(兆焦/千克)	13.39	13.43	12.80	12.80	9.33	12.72
	粗蛋白质(%)	13.1	12.1	13.0	12.0	13.2	11.2
	粗纤维(%)	3.2	3.1	3.7	3.7	6.2	7.2
	钙(%)	0.57	0.56	0.64	0.69	0.18	0.61
	磷(%)	0.57	0.56	0.58	0.58	0.31	0.48
	赖氨酸(%)	0.65	0.58	0.67	0.11	0.55	0.45
	蛋氨酸(%)	0.48	0.48	0.47	0.46	0.36	0.18
	胱氨酸(%)	—	—	—	—	0.24	0.21

经试用：配方 97 日增重 685 克；配方 98 日增重 686 克；配方 99 日增重 652 克；配方 100 日增重 667 克。配方 101、配方 102 需另加食盐 0.3%。

表 4-132　60～90 千克体重生长肥育猪的饲料配方（103～108）

	配方编号	103	104	105	106	107	108
饲料配合比例（%）	玉米	42.0	10.0	10.0	—	15.0	—
	大麦	—	25.5	8.0	31.0	15.0	30.0
	稻谷	20.0	5.0	—	—	—	—
	碎米	—	—	—	—	—	5.5
	麸皮	25.0	10.0	20.0	20.0	24.0	19.0
	米糠	—	—	10.0	—	6.0	18.0
	统糠	—	20.0	20.0	25.0	20.0	15.0
	棉籽饼	—	7.0	10.0	11.0	—	—
	菜籽饼	8.0	—	—	5.0	15.0	10.0
	米糠饼	—	20.0	20.0	5.0	—	—
	鱼粉	5.0	2.0	1.0	1.0	3.0	1.0
	贝壳粉	—	—	0.5	1.0	1.0	—
	碳酸钙	—	—	—	—	—	1.0
	土霉素	—	—	—	1.0	1.0	—
	食盐	—	0.5	0.5	—	—	0.5
营养成分	消化能(兆焦/千克)	12.68	9.79	9.79	8.91	11.80	10.21
	粗蛋白质(%)	14.0	12.6	13.7	12.8	10.8	12.9
	粗纤维(%)	5.8	11.2	12.1	12.9	10.8	7.4
	钙(%)	0.59	0.26	0.32	0.66	0.67	0.24
	磷(%)	0.53	0.51	0.57	0.55	0.85	0.43
	赖氨酸(%)	0.65	0.52	0.54	0.56	0.57	0.40
	蛋氨酸(%)	0.36	0.28	0.36	0.35	0.41	0.35
	胱氨酸(%)	0.20	0.20	0.19	0.26	0.18	0.20

配方 103、配方 106 和配方 107 需另加食盐 0.3%。经试用，配方 106 自由采食，日增重 655 克；限量饲喂，日增重 631 克。配方 107 自由采食，日增重 653 克；限量饲喂，日增重 621 克。配方 108 自由采食，日增重 758 克；限量饲喂，日增重 672 克。

表4-133 60~90千克体重生长肥育猪的饲料配方（109~114）

	配方编号	109	110	111	112	113	114
饲料配合比例（%）	玉米	—	—	17.0	62.4	36.0	38.0
	大麦	40.0	—	—	—	41.5	31.0
	小麦	—	—	—	—	—	7.5
	稻谷	4.5	—	—	—	—	—
	碎米	30.0	35.4	20.0	—	—	—
	细米	—	33.0	—	—	—	—
	糙米	—	25.0	—	—	—	—
	甘薯粉	6.0	—	—	—	—	—
	麸皮	5.5	—	30.0	20.0	11.0	11.0
	黄豆	2.5	—	—	—	—	—
	蚕豆	2.5	—	—	—	—	—
	豆饼	—	—	—	9.1	5.0	3.0
	菜籽饼	—	—	5.0	—	—	—
	棉籽饼	5.0	—	3.0	—	—	5.0
	统糠	—	—	21.0	7.2	—	—
	鱼粉	2.5	5.0	3.0	—	5.0	3.0
	骨粉	1.0	—	—	—	—	—
	贝壳粉	0.5	—	0.5	1.0	—	—
	石粉	—	1.6	—	—	1.0	1.0
	食盐	—	—	0.5	0.3	0.5	0.5
营养成分	消化能（兆焦/千克）	9.04	13.89	10.50	12.55	12.64	12.72
	粗蛋白质（%）	12.7	10.1	12.8	12.2	13.7	13.3
	粗纤维（%）	4.1	0.8	11.1	4.4	4.7	5.1
	钙（%）	0.68	0.88	0.53	0.44	0.62	0.5
	磷（%）	0.44	0.86	0.66	0.43	0.40	0.41
	赖氨酸（%）	0.54	0.46	0.58	0.54	0.75	0.57
	蛋氨酸（%）	0.22	0.14	+0.65	+0.58	+0.58	+0.65
	胱氨酸（%）	0.27	0.28				

配方109、配方110需另加食盐0.3%。配方113需另加0.1%赖氨酸，经试用于杜洛克猪与上海白猪杂种猪，日增重629克。配方114试用于杜洛克猪与上海白猪杂种猪，日增重684克。

表 4-134　60～90 千克体重生长肥育猪的饲料配方（115～120）

	配方编号	115	116	117	118	119	120
饲料配合比例（%）	玉米	40.0	30.0	—	24.0	30.0	42.5
	小麦	—	—	22.7	5.0	—	—
	稻谷	8.0	17.0	23.3	3.0	—	—
	碎米	—	—	—	—	—	27.0
	木薯粉	21.0	15.0	37.1	24.0	35.0	2.0
	麸皮	17.0	15.0	—	9.0	5.0	15.0
	三七统糠	—	9.0	—	10.0	8.0	—
	蚕豆粉	—	—	—	10.0	10.0	—
	花生饼	9.0	10.0	7.4	10.0	5.0	6.0
	鱼粉	4.0	3.0	8.5	3.0	5.0	5.0
	骨粉	—	—	0.5	—	—	—
	贝壳粉	0.7	0.7	—	—	1.5	—
	石粉	—	—	—	1.5	—	2.0
	食盐	0.3	0.3	0.5	0.5	0.5	0.5
营养成分	消化能（兆焦/千克）	13.01	11.92	12.80	12.01	12.13	13.10
	粗蛋白质（%）	13.6	13.2	14.3	14.0	12.3	12.0
	粗纤维（%）	3.9	5.2	4.7	6.3	4.9	2.8
	钙（%）	0.53	0.50	0.65	0.78	0.85	1.27
	磷（%）	0.47	0.46	0.51	0.32	0.37	0.46
	赖氨酸（%）	0.57	0.53	0.71	0.60	0.53	0.47
	蛋＋胱氨酸（%）	0.60	0.58	0.54	0.52	0.44	0.56

试用于杂种猪：配方 115 日增重 693 克；配方 116 日增重 653 克；配方 117 试用于长白猪×广东地方猪，日增重 754 克；配方 118 试用于大白猪×广东地方猪，日增重 690 克；配方 119 日增重 754 克；配方 120 试用于长杂猪，日增重 788 克。

表4-135　60～90千克体重生长肥育猪的饲料配方（121～127）

	配方编号	121	122	123	124	125	126	127
饲料配合比例（%）	玉米	50.0	55.0	52.0	53.0	55.0	44.0	52.5
	小麦	10.0	8.0	8.0	10.0	—	—	—
	高粱	—	—	—	—	6.0	—	—
	糜子	—	—	—	—	—	15.0	—
	麸皮	18.0	12.0	15.0	15.0	15.0	15.0	15.0
	甜菜渣	10.0	10.0	13.0	12.0	12.0	10.0	—
	豌豆	—	—	—	—	—	6.0	—
	豆腐渣	—	—	—	—	—	—	15.0
	豆饼	10.0	8.0	10.0	8.0	10.0	—	10.0
	棉籽饼	—	—	—	—	—	—	5.0
	胡麻饼	—	5.0	—	—	—	8.0	—
	骨粉	1.1	1.1	1.1	1.1	1.1	1.1	1.5
	食盐	0.4	0.4	0.4	0.4	0.4	0.4	0.5
	添加剂	0.5	0.5	0.5	0.5	0.5	0.5	0.5
营养成分	消化能（兆焦/千克）	12.76	12.65	13.10	13.14	13.69	12.80	11.08
	粗蛋白质（%）	12.9	13.3	13.3	12.8	13.80	12.1	13.94
	粗纤维（%）	6.3	5.8	6.8	6.5	6.3	6.0	4.4
	钙（%）	0.46	0.45	0.47	0.46	0.52	0.50	0.50
	磷（%）	0.49	0.45	0.47	0.47	0.52	0.56	0.48
	赖氨酸（%）	0.46	0.46	0.40	0.41	0.43	0.44	0.56
	蛋氨酸（%）	0.16	0.18	0.16	0.16	0.16	0.15	0.17
	胱氨酸（%）	0.23	0.23	0.24	0.24	0.23	0.20	0.25

配方121、配方125和配方126中的甜菜渣是风干的，含水量8%左右，粗蛋白质9%左右。配方122中的甜菜渣是贮存90天，含水量6%，粗蛋白质11%。配方123中的甜菜渣贮存330天，含水量8%，粗蛋白质13%。配方124中的甜菜渣贮存450天，含水量7%，粗蛋白质为15%。

表 4-136　60 ~ 90 千克体重生长肥育猪的饲料配方（128 ~ 134）

配方编号		128	129	130	131	132	133	134
饲料配合比例（%）	玉米	19.5	40.0	55.0	—	50.0	50.0	46.0
	小麦粉	20.0	—	—	—	15.0	—	—
	三等粉	—	—	—	—	—	12.0	12.0
	稻谷粉	20.0	25.0	19.5	45.0	—	—	—
	麸皮	10.0	—	—	—	10.5	22.0	24.5
	米糠	4.0	—	8.0	9.5	—	10.5	11.0
	米糠饼	—	13.5	—	20.0	—	—	—
	豆腐渣	6.0	4.0	5.0	8.0	7.0	—	—
	豆饼	14.0	15.0	10.0	10.0	15.0	—	3.0
	蚕豆蛋白粉	—	—	—	—	—	4.0	2.0
	棉籽饼	4.0	—	—	5.0	—	—	—
	贝壳粉	—	—	—	—	—	0.7	0.7
	骨粉	1.5	1.5	1.5	1.5	1.5	0.3	0.3
	食盐	0.5	0.5	0.5	0.5	0.5	0.5	0.5
	添加剂	0.5	0.5	0.5	0.5	0.5	—	—
营养成分	消化能（兆焦/千克）	12.13	12.55	12.72	11.17	12.51	12.39	12.26
	粗蛋白质（%）	14.9	13.7	11.5	13.9	13.8	12.8	12.9
	粗纤维（%）	5.1	4.9	3.9	7.1	3.3	3.1	3.2
	钙（%）	0.55	0.53	0.50	0.55	0.53	0.68	0.69
	磷（%）	0.59	0.65	0.53	0.87	0.51	0.43	0.46
	赖氨酸（%）	0.66	0.64	0.48	0.70	0.59	0.62	0.62
	蛋氨酸（%）	0.19	0.19	0.18	0.19	0.19	+0.47	+0.46
	胱氨酸（%）	0.30	0.21	0.17	0.26	0.27		

配方 133、配方 134 中的蚕豆蛋白粉，粗蛋白质含量在 65% 以上，赖氨酸含量高达 4% ~5%。试验结果：配方 133 日增重 607 克；配方 134 日增重 642 克。

表 4-137 60~90 千克体重生长肥育猪的饲料配方（135~139）

	配方编号	135	136	137	138	139
饲料配合比例（%）	玉米	35.0	39.0	46.0	50.0	58.0
	次粉	30.0	25.0	20.0	10.0	—
	肉骨粉	5.0	5.0	5.0	5.0	7.0
	饲料酵母粉	3.0	4.0	4.0	3.0	—
	棉籽粕	5.0	5.0	5.0	5.0	7.0
	啤酒糟	10.0	10.0	9.0	13.0	13.0
	粉渣	10.0	10.0	9.0	12.0	13.0
	骨粉	1.0	1.0	1.0	1.0	1.0
	添加剂	0.6	0.6	0.6	0.6	0.6
	食盐	0.4	0.4	0.4	0.4	0.4
营养成分	消化能（兆焦/千克）	11.41	11.56	11.59	10.81	10.59
	粗蛋白质（%）	13.0	13.2	13.2	12.2	12.4
	粗纤维（%）	2.4	2.4	2.4	2.4	2.4
	钙（%）	0.68	0.68	0.68	0.67	0.75
	磷（%）	0.55	0.57	0.57	0.57	0.58
	赖氨酸（%）	0.53	0.56	0.56	0.51	0.46
	蛋氨酸（%）	0.18	0.19	0.19	0.18	0.19
	胱氨酸（%）	0.26	0.26	0.25	0.23	0.22

表4-138 60~90千克体重生长肥育猪的饲料配方（140~143）

	配方编号	140	141	142	143
饲料配合比例(%)	玉米	65.0	45.0	20.0	—
	麸皮	12.0	15.0	5.0	—
	碎米	—	15.0	45.0	65.0
	菜籽粕	3.0	4.0	4.0	5.0
	棉籽粕	3.0	4.0	3.0	4.0
	豆粕	3.0	—	2.0	—
	肠衣粉	4.0	5.0	5.0	6.0
	细米糠	3.0	5.0	9.0	13.0
	青饲料	3.7	3.7	3.7	3.7
	骨粉	2.0	2.0	2.0	2.0
	添加剂	1.0	1.0	1.0	1.0
	食盐	0.3	0.3	0.3	0.3
营养成分	消化能(兆焦/千克)	12.46	12.31	12.25	12.10
	粗蛋白质(%)	13.6	14.1	14.3	14.8
	粗纤维(%)	2.7	2.8	2.3	2.2
	钙(%)	0.68	0.92	0.71	0.73
	磷(%)	0.60	0.65	0.62	0.63
	赖氨酸(%)	0.52	0.55	0.59	0.62
	蛋氨酸(%)	0.19	0.20	0.21	0.22
	胱氨酸(%)	0.29	0.33	0.37	0.36

表 4-139 60~90 千克体重生长肥育猪的饲料配方（144~148）

	配方编号	144	145	146	147	148
饲料配合比例(%)	玉米	66.0	65.0	41.0	20.0	—
	麸皮	15.0	15.0	—	—	—
	碎米	—	—	25.0	45.0	65.0
	细米糠	—	—	15.0	15.0	15.0
	菜籽粕	3.0	—	3.0	5.0	7.0
	棉籽粕	3.0	6.0	3.0	2.0	—
	豆粕	3.0	4.0	3.0	3.0	2.0
	粉浆蛋白粉	4.0	4.0	4.0	4.0	5.0
	青饲料	2.7	2.7	2.7	2.7	2.7
	骨粉	2.0	2.0	2.0	2.0	2.0
	添加剂	1.0	1.0	1.0	1.0	1.0
	食盐	0.3	0.3	0.3	0.3	0.3
营养成分	消化能(兆焦/千克)	12.95	13.10	12.90	12.81	12.64
	粗蛋白质(%)	14.0	14.5	14.0	14.4	14.7
	粗纤维(%)	3.1	3.1	2.9	2.8	2.6
	钙(%)	0.65	0.66	0.65	0.66	0.66
	磷(%)	0.62	0.62	0.70	0.71	0.72
	赖氨酸(%)	0.60	0.63	0.65	0.68	0.72
	蛋氨酸(%)	0.18	0.18	0.20	0.21	0.21
	胱氨酸(%)	0.22	0.21	0.21	0.22	0.24

表4-140　60～90千克体重生长肥育猪的饲料配方（149～154）

	配方编号	149	150	151	152	153	154
饲料配合比例(%)	玉　米	20.0	16.0	10.0	—	—	—
	碎　米	30.0	30.0	35.0	41.0	51.0	55.0
	稻　谷	15.0	20.0	25.0	24.0	20.0	15.0
	菜籽粕	5.0	5.0	4.0	4.0	4.0	4.0
	肉骨粉	5.0	5.0	6.0	6.0	6.0	6.0
	蚕蛹粉	3.0	3.0	3.0	3.0	3.0	3.0
	细米糠	17.0	16.0	12.0	17.0	11.0	12.0
	青饲料	3.0	3.0	3.0	3.0	3.0	3.0
	添加剂	0.5	0.5	0.5	0.5	0.5	0.5
	骨　粉	1.0	1.0	1.0	1.0	1.0	1.0
	食　盐	0.5	0.5	0.5	0.5	0.5	0.5
营养成分	消化能(兆焦/千克)	12.8	12.5	12.6	12.4	12.5	12.7
	粗蛋白质(%)	15.1	14.9	15.0	15.0	14.8	15.1
	粗纤维(%)	3.5	3.7	3.8	3.8	3.3	3.2
	钙(%)	0.7	0.7	0.7	0.7	0.7	0.7
	磷(%)	0.7	0.7	0.7	0.7	0.6	0.7
	赖氨酸(%)	0.65	0.64	0.65	0.67	0.65	0.68
	蛋氨酸(%)	0.30	0.29	0.28	0.29	0.29	0.30
	胱氨酸(%)	0.20	0.20	0.19	0.20	0.20	0.21

表 4-141 60～90 千克体重生长肥育猪的饲料配方（155～160）

	配方编号	155	156	157	158	159	160
饲料配合比例（%）	玉米	74.1	79.4	77.0	79.4	70.2	75.7
	豆粕	18.0	15.1	17.4	15.1	8.3	16.4
	菜籽粕	—	—	—	—	3.0	—
	麦麸	5.6	—	—	—	16.8	5.5
	豆油	—	2.7	3.0	2.7	—	—
	磷酸氢钙	0.6	0.5	0.7	0.5	0.5	0.6
	石粉	0.7	0.7	0.5	0.7	—	0.8
	小苏打	0.1	—	—	—	—	0.1
	赖氨酸	0.1	0.3	0.2	0.2	0.3	0.1
	添加剂	0.5	1.0	1.0	1.0	0.6	0.5
	食盐	0.3	0.3	0.2	0.4	0.3	0.3
营养成分	消化能(兆焦/千克)	13.39	14.01	14.23	14.01	13.02	13.39
	粗蛋白质(%)	14.6	13.3	13.3	13.3	13.0	14.0
	粗纤维(%)	2.3	1.7	1.8	1.7	3.1	2.2
	钙(%)	0.50	0.63	0.46	0.63	0.50	0.54
	磷(%)	0.42	0.40	0.41	0.41	0.45	0.41
	赖氨酸(%)	0.71	0.77	0.75	0.77	0.61	0.70
	蛋氨酸(%)	0.19	0.22	0.23	0.23	0.18	0.18
	胱氨酸(%)	0.26	0.25	0.24	0.24	0.20	0.25
	苏氨酸(%)	0.58	0.52	0.53	0.52	0.49	0.55

经试用，配方 155 平均日增重 780 克。配方 157 适合华北地区各种杂交猪种，添加剂可用维生素添加剂配方 25、微量元素添加剂配方 25。配方 158 适合华南地区，平均日增重 760 克。添加剂可用维生素添加剂配方 25、微量元素添加剂配方 25。经试用，配方 160 平均日增重 750 克；添加剂可用维生素添加剂配方 23、微量元素添加剂配方 32。

表 4-142　60 ~ 90 千克体重生长肥育猪的饲料配方（161 ~ 165）

	配方编号	161	162	163	164	165
饲料配合比例（%）	玉米	65.3	68.0	74.2	75.8	24.0
	小麦	—	—	—	—	16.0
	大麦	—	—	—	—	28.0
	酒糟	—	—	—	—	8.0
	豆粕	11.3	13.2	16.4	19.0	—
	黄豆	—	—	—	—	4.0
	菜籽粕	—	—	—	—	8.0
	蚕蛹	—	—	—	—	1.4
	麦麸	19.3	14.6	5.3	—	8.0
	棕榈油	—	—	—	1.0	—
	磷酸钙	—	—	—	—	0.5
	磷酸氢钙	0.5	0.6	0.6	0.7	0.8
	沸石粉	1.5	1.5	1.5	1.5	—
	石粉	0.9	0.9	0.87	0.89	—
	小苏打	0.1	0.1	0.1	0.1	—
	赖氨酸	0.17	0.15	0.12	0.1	—
	蛋氨酸	0.01	0.01	0.01	0.01	—
	添加剂	0.62	0.64	0.6	0.6	1.0
	食盐	0.3	0.3	0.3	0.3	0.3
营养成分	消化能（兆焦/千克）	13.18	13.59	13.99	14.39	13.01
	粗蛋白质（%）	13.1	13.6	14.0	14.4	14.5
	粗纤维（%）	3.0	2.7	2.1	1.8	5.9
	钙（%）	0.54	0.57	0.56	0.59	0.52
	磷（%）	0.50	0.49	0.44	0.44	0.50
	赖氨酸（%）	0.66	0.68	0.70	0.72	0.54
	蛋＋胱氨酸（%）	0.42	0.43	0.44	0.44	0.52
	苏氨酸（%）	0.50	0.52	0.55	0.58	0.52

经试用，配方 161 平均日增重 810 克；配方 162 平均日增重 810 克；配方 163 平均日增重 816 克；配方 164 平均日增重 870 克。配方 161 ~ 164 添加剂可用维生素添加剂配方 23、微量元素添加剂配方 33。

配方 165 适用于西南地区，大麦品种为威 24，平均日增重为 590 克，每千克日粮中加入 1500 毫克赖氨酸。

第五章 常用饲料

猪的常用饲料有能量饲料、蛋白质饲料、青饲料、青贮饲料、粗饲料、矿物质饲料和饲料添加剂等。以下将分述各类饲料的营养特性和利用方法。

第一节 能量饲料

猪机体所需能量主要来源于碳水化合物、脂肪和蛋白质，而主要的能量是来自饲料中的碳水化合物。脂肪的能量虽然比一般饲料高出 2 倍以上，但除了特殊需要外，一般不用油脂来补充饲料中的能源。蛋白质也可以产生能量，但是从资源的合理利用和经济效益上考虑，在配制饲料时，一般不用蛋白质饲料作为能量饲料。

能量饲料的定义是：在干物质中粗纤维含量低于 18%，粗蛋白质含量低于 20% 的谷实类、糠麸类、草籽树实类、糟渣类以及淀粉质块根和块茎、瓜果类都属于能量饲料。能量饲料一般粗蛋白质含量为8% ~15%，氨基酸含量也不平衡，特别是限制性氨基酸含量较低，所以必须与优质蛋白质饲料配合使用。

能量的摄取量与增重之间有着密切的关系。如肥育猪能量摄取过剩，可因脂肪过量蓄积而降低肉的质量；繁殖母猪如能量过剩，则可引起不孕或者胚胎发育不良。相反，若能量摄取不足，轻者浪费蛋白质饲料，重者造成体内脂肪和蛋白质代偿性分解，使体重下降，更严重时还会阻碍动物正常发育，并招致各种繁殖障碍。所以在实际配制饲料时，应注意保持能量与粗蛋白质以及能量与所有营养物质的平衡关系。

一、禾谷类子实

禾谷类子实指禾本科植物成熟的种子，包括有玉米、高粱、大麦、燕麦、小麦、稻谷、小米等。这类饲料的特点是含有丰富的无氮浸出物，占干物质的70%～80%，其中主要是淀粉，占80%～90%。其消化率很高，消化能大都在13兆焦/千克以上。缺点是蛋白质含量低，为8.5%～12%。单独使用该类饲料不能满足猪对蛋白质的需要；赖氨酸、蛋氨酸含量也较低；缺钙，缺磷，钙磷比也不适宜，缺乏维生素A（除黄玉米外）和维生素D。

（一）玉米

玉米产量高，能值高，适口性好，对任何动物都无副作用，具有饲料之王的美称。缺点是蛋白质含量低，在8.5%左右，并缺乏赖氨酸、蛋氨酸、色氨酸和胱氨酸，矿物质和维生素不足，但黄玉米含胡萝卜素较多，可在猪体内转变为维生素A。另外，玉米含脂肪多，一般在4%以上，并且不饱和脂肪酸所占比例大，粉碎后易酸败变质、发苦，口味变差，不宜久贮，夏季粉碎后宜在7～10天喂完。

玉米子实不易干，含水量高的玉米容易发霉，尤以黄曲霉菌和赤霉菌危害最大。黄曲霉毒素可直接毒害有关酶和DNA模板，具有致癌作用。赤霉烯酮与雌激素作用有相似之处。据试验，日粮含0.0002%赤霉烯酮可使母猪卵巢病变，抑制发情，减少产仔数，公猪性欲降低，配种效果变差。0.006%～0.008%可使初产母猪全部流产，在生产上应引起注意。

（二）高粱

高粱营养成分比玉米略低，其价值相当于玉米的70%～95%。蛋白质品质也稍差，缺乏胡萝卜素。另外高粱含有单宁，有涩味，适口性差，喂量过多易引起便秘，但对仔猪非细菌病毒性拉稀有止泻作用。

（三）大麦

大麦多带皮磨碎，粗纤维含量较高，其价值相当于玉米的90%左右。大麦含蛋白质较高，为11%～12%，品质也较好；脂肪含量低，喂肥猪可得白色硬脂的优质猪肉。

（四）小麦

小麦蛋白质含量和品质都较玉米高，能量比玉米略低，适口性较玉米好，其价值相当于玉米的 100% ~ 105%，作饲料时宜粗磨，以免糊口。

（五）稻谷

稻谷含有稻壳，粗纤维较高，其营养价值仅为玉米的 80% ~ 85%。稻谷去壳为糙米，糙米去米糠为大米，在加工过程中留存在 2.0 毫米圆孔筛以上，不足正常整米 2/3 的米粒称大碎米，通过直径 2.0 毫米圆孔筛，留存在直径 1.0 毫米圆孔筛以上的碎米称小碎米。糙米、碎米的营养价值接近玉米。

二、糠麸类

（一）小麦麸

即麸皮，系由小麦的种皮、糊粉层与少量的胚和胚乳组成，其营养价值因面粉加工工艺过程不同而异。小麦子实由胚乳（85%）、种皮与糊粉层（13%）及麦胚（2%）组成，在面粉生产过程中，不是全部胚乳都可转入到面粉之中。上等面粉只有 85% 左右的胚乳转入面粉，其余的 15% 与种皮、胚等混合组成麸皮的成分，这样的麸皮占子粒重的 28% 左右，故每 100 千克小麦可生产面粉 72 千克，麸皮 28 千克，这种麸皮的营养价值较高。如果面粉质量要求不高，不仅胚乳在面粉中保留较多，甚至糊粉的一部分也进入面粉，则生产的面粉较多，可达84%，而麸皮产量较少，仅16%，这样，面粉与麸皮两方面的营养价值都降低。

麸皮的种皮和糊粉层粗纤维含量较高（8.5%～12%），营养价值较低，因而，麸皮的能值较低，消化能为10.5～12.6兆焦/千克；麸皮的粗蛋白质含量较高，可达12.5%～17%，其质量也高于麦粒，含赖氨酸0.67%；B族维生素含量丰富；含钙多，含磷少，几乎成8∶1的比例。

麸皮容积较大，可调节日粮营养浓度和沉积性质；麸皮具有轻泻作用，适于喂母猪，可调节消化道机能，防止便秘，一般喂量为5%～25%，超过30%将引起排软便；麸皮吸水性强，大量干喂也可引起便秘。

（二）米糠

米糠是糙米加工成白米时分离出的种皮、糊粉层与胚三种物质的混合物，与麦麸情况一样，其营养价值视白米加工程度不同而异。加工的白米越白，则胚乳中的物质进入米糠越多，米糠的能量价值越高。但糙米出糠量少，一般为6%～8%。米糠的蛋白质含量高，为12%左右。而且多为不饱和脂肪酸，易氧化酸败，不易贮藏。富含B族维生素。含钙少，含磷多。喂量一般不超过30%，肉猪喂量过多易引起软质肉脂，幼猪喂量过多易引起腹泻。

米糠榨油后的产品称为脱脂米糠，也叫糠饼，脂肪含量下降，能值降低。

稻壳粉（砻糠）和少量米糠混合称统糠。常见的有“二八糠”和“三七糠”，即米糠与稻壳粉的比例分别为2∶8和3∶7。统糠属于粗饲料，不适于喂猪。

三、淀粉质块根块茎类

主要有甘薯（山芋）、马铃薯（土豆）等，它们常被列入多汁饲料，但含水分比多汁饲料少，为70%～75%，粗纤维含量低，只占干物质的4%左右，钙含量也较少。有黑斑病的甘薯不要喂猪，以免中毒。

第二节 蛋白质饲料

蛋白质是一切生命活动的物质基础，它与核酸构成一切细胞的重要成分。猪在生长发育、新陈代谢、繁殖传代过程中，需要大量的蛋白质来满足细胞组织的更新、修补要求，它是不能用其他种类的养分代替的极重要的养分之一。蛋白质饲料的定义是：饲料干物质中粗蛋白质含量在20%以上，粗纤维含量低于18%的豆类、饼粕类、动物性饲料及部分糟渣，均属于蛋白质饲料。

我国蛋白质饲料不足的问题，将随着畜牧业的发展日益严重，特别是豆饼（粕）、鱼粉等高档蛋白质饲料尤为紧俏。但是近几年来，经过反复研究试验，可用脱毒、去壳、灭酶等手段利用棉籽饼（粕）和菜籽饼（粕），还挖掘了工业副产品、畜禽屠宰副产品及一些单细胞蛋白质饲料等，经过合理搭配，使其达到“理想蛋白质”水平，完全可以不用或者少用紧俏高档蛋白质饲料，也能获得同样的生产效果。

一、豆科子实

豆科子实包括有黄豆、黑豆、蚕豆、豌豆等，其特点是蛋白质含量高（20%～40%），品质优良，但含有多种有毒有害成分。大豆含有蛋白酶抑制剂、植物性红细胞凝集素、皂甙、胃肠胀气因子、植酸、抗维生素、致甲状腺肿物质、类雌激素因子等，其中最主要的是蛋白酶抑制剂，它也存在于豌豆、蚕豆、油菜籽等 92 种植物中，特别是豆科植物，但以大豆中的活性最高。它的有害作用主要是抑制某些酶对蛋白质的消化，降低蛋白质的消化利用率，引起胰腺重量增加，抑制猪的生长。

蛋白酶抑制剂是一些糖蛋白，加热可使其变性，失去生物活性，其他抗营养因子也同时遭到破坏（除胃肠胀气因子、皂甙等少数几个较耐热因子外）。蛋白酶抑制剂受热而破坏的程度，因温度、压力、水分含量、加热时间、饲料颗粒大小而不同，一般高温、高湿、高压及小的粒度，可使其更快地破坏。如果加热过度，也会导致一些氨基酸的破坏，尤其是赖氨酸、精氨酸和胱氨酸，同时降低异亮氨酸和赖氨酸的消化率，并降低猪的采食量与生产性能。一般认为，大豆用水泡至含水量 60% 时，蒸煮 5 分钟；或者常压蒸气加热 30 分钟；1 千克压力蒸气加热 15～20 分钟，去毒效果较好。

豆科子实主要是人的食物，只在必要的情况下少量用做饲料。

二、油饼（粕）类饲料

饼粕类的生产技术有两个，即溶剂浸提法与压榨法。前者的副产品为“粕”，后者的副产品为“饼”，粕的蛋白质高于饼，饼的脂肪含量高于粕，并且由于压榨法的高温高压导致蛋白质变性，特别是赖氨酸、精氨酸破坏严重，但高温高压也使有毒有害物质遭到破坏。

（一）豆饼（粕）

豆饼（粕）蛋白质含量高，豆饼42%以上，豆粕45%以上，品质优良，尤以赖氨酸、色氨酸含量较多，蛋氨酸含量较少；粗纤维5%左右，能值较高；富含核黄素与烟酸，胡萝卜素与维生素D含量少。在植物性蛋白质饲料中，豆饼（粕）的质量是最好的。

但是，大豆中的有毒有害物质，因加工条件不同而不同程度地存在于豆饼（粕）中，从而降低蛋白质及其他营养物质的消化吸收率，易引起猪尤其是幼猪腹泻，增重降低，饲料利用率下降。加热虽然可以破坏这些有毒有害物质，但加热过度也会导致蛋白质中某些氨基酸的破坏。大豆制品中含有脲酶，容易检测，所以常采用测定脲酶活性来衡量大豆饼粕的热处理程度，美国大豆粕质量标准中规定脲酶活性为0.05～0.2（pH增值法），多数国家为0.05～0.5，0.5以上说明加热不足，0.05以下说明加热过度。

（二）花生饼

花生饼含粗蛋白41%以上，蛋白质品质低于豆饼，赖氨酸、蛋氨酸含量较低。花生饼有甜香味，适口性好，但容易变质，不宜久贮，特别容易发霉，产生黄曲霉毒素，对幼猪毒害最甚，贮存时应注意保持低温、干燥。

（三）棉籽饼（粕）

棉籽饼（粕）含粗纤维较高，一般14%左右，含粗蛋白30%～40%，赖氨酸含量低，只有豆饼的60%，消化率也比豆饼低25个百分点。据测定，所有必需氨基酸的消化率，豆饼为84.2%，棉籽饼为72.7%。

棉籽中含有毒有害物质，其中主要是棉酚，在棉籽中的含量为1.0%~1.7%，经过榨油加工，存在于棉籽中的棉酚大部分转入油中，部分受热与棉籽中的蛋白质结合形成对猪无毒的结合棉酚，但仍有部分棉酚呈游离状态残留在饼（粕）中，其残留量决定于棉籽中棉酚的含量与工艺过程。据中国农业科学院畜牧研究所营养室测定，棉籽饼（粕）中的棉酚含量，螺旋压榨为0.075%，预压浸出为0.07%，土榨为0.196%。

棉酚的有毒有害作用主要是与棉籽饼（粕）中的蛋白质和氨基酸结合，降低蛋白质、氨基酸特别是赖氨酸的有效性；进入肠道的棉酚可刺激胃肠黏膜，引起胃肠炎；进入机体后损害心、肝、肾、神经等组织器官；棉酚在体内还与功能蛋白结合，使其失去活性，与铁结合引起缺铁性贫血；对公猪生精细胞有持久毒害作用，可造成不育，对母猪卵巢发育有明显抑制作用。猪对棉酚较其他动物敏感，日粮中棉酚含量不超过0.01%时生长正常，0.01%~0.02%时出现食欲减退，生长减慢或者停滞，超过0.02%可引起中毒，0.03%时可引起严重中毒，甚至死亡。不过在生产中，猪在短时间内大量采食棉籽饼粕而引起急性中毒的极为少见，一般多是长期不间断地喂给棉籽饼（粕），致使棉酚在体内积累而产生慢性中毒，其表现为食欲减退，渴欲增进，粪便呈黑褐色，先便秘后拉稀，粪便呈恶臭并混有血液和黏液。

生产上为了充分利用棉籽饼，对含毒较高的棉籽饼（粕）应进行去毒处理。棉籽饼（粕）加水煮沸1小时可去毒75%，0.4%硫酸亚铁、0.5%石灰水浸泡2～4小时，效果较好。按铁与棉酚1:1的比例往日粮中加入硫酸亚铁，也可起到解毒作用。

(四) 菜籽饼(粕)

菜籽饼（粕）含粗蛋白35%～40%，赖氨酸含量比豆饼低，蛋氨酸含量较高，蛋白质消化率75%～80%，低于豆饼蛋白，粗纤维10%左右。

菜籽饼（粕）中含有硫葡萄糖甙、芥子碱、芥酸、单宁等有毒有害成分，其中主要是硫葡萄糖甙，菜籽中含量为3%～8%，但它本身并没有毒性，而是在发芽、受潮、压碎等情况下，菜籽中伴随的硫葡萄糖甙酶可将其分解为异硫氰酸酯、恶唑烷硫酮、腈等有毒物质。硫葡萄糖甙还可在酸碱的作用下水解，并且比酶解更快。异硫氰酸酯有辛辣味，严重影响菜籽饼的适口性；高浓度时对黏膜有强烈刺激作用，可引起胃肠炎、肾炎、支气管炎及肺水肿，也可引起甲状腺肿。水洗不能将其除去，加热、日晒可使其失去活性。硫腈酸酯和噁唑烷酮也都可导致甲状腺肿。腈进入体内迅速析出腈离子，对机体毒害作用极大，可引起细胞窒息，抑制动物生长，加热可破坏促进腈生成的因子，减少或者防止腈的生成。

为了合理利用菜籽饼，可对其进行去毒处理，如水浸法，将菜籽饼（粕）浸泡数小时，再换水1～2次。坑埋法，将菜籽饼（粕）用水拌和后封埋于土坑中30～60天，可去除大部分毒物。另外还有硫酸亚铁处理法、碳酸钠处理法、加热法、微生物发酵法等。对于未脱毒的菜籽饼（粕）应控制喂量，一般种猪与仔猪不超过日粮的5%，肉猪不超过10%～15%，与其他饼类搭配使用比单一使用效果好。

三、糟渣类

糟渣多为食品加工的副产品，其品种繁多，猪常用的糟渣有粉渣、豆腐渣、酱油渣、醋糟、酒糟等。由于原料和产品种类不同，各种糟渣的营养价值差异很大。主要特点是含水量高，不易贮存。按干物质计算，许多糟渣可归入蛋白质饲料，但有些糟渣的粗蛋白含量达不到蛋白质饲料水平。

（一）粉渣

粉渣是制作粉条和淀粉的副产品，由于大量淀粉被提走，所以，残存物中粗纤维、粗蛋白质、粗脂肪等的含量均相应比原料大大提高。粉渣的质量好坏随原料而有所不同，以玉米、甘薯、马铃薯等为原料产生的粉渣，蛋白质含量仍较低，品质也差；以绿豆、豌豆、蚕豆等为原料产生的粉渣，粗蛋白质含量高，品质好。

无论用哪种原料制得的粉渣，都缺乏钙和维生素，如长期用来喂猪，应注意搭配能量、蛋白质、矿物质和维生素等饲料，保证猪的营养平衡。

粉渣含水85%以上，如放置过久，特别是夏天气温高，容易发酵变酸，猪吃后易引起中毒。因此，用粉渣喂猪，越鲜越好。如放置过久酸度高的粉渣，喂前最好先用适量的石灰水或者小苏打中和处理，然后再喂。

粉渣可晒干贮存，也可窖贮，或者与糠麸、酒糟混贮，贮存时含水量65%～75%为宜。

（二）酒糟

酒糟是酿酒工业的副产品，由于大量淀粉变成酒被提取出去，所以无氮浸出物含量低，粗蛋白等其他成分相对增高。酒糟的营养价值因原料种类而异，原料主要有高粱、玉米、大米、甘薯、马铃薯等，啤酒以大麦作原料。好的粮食酒糟和大麦啤酒糟比薯类酒糟营养价值高2倍左右。但酿酒过程中常加入稻壳，使酒糟营养价值降低。

酒糟干物质含粗蛋白20%～30%，蛋白质品质较差。酒糟中含磷和B族维生素丰富，缺乏胡萝卜素，维生素D和钙质，并残留部分酒精。

酒糟不宜用来大量喂种猪，以免影响繁殖性能。肉猪大量饲喂易引起便秘，最好不要超过日粮的1/3，并注意与其他饲料搭配，保持营养平衡。

酒糟含水65%～75%，如放置过久，易产生游离酸和杂醇，猪吃后易引起中毒。因此，宜用鲜酒糟喂猪或者妥善保藏。一种是晒干保藏，一种是加适量糠麸，使含水量在70%左右，进行窖贮。方法同青贮。

（三）豆腐渣、酱油渣

豆腐渣和酱油渣主要是以大豆或者豆饼为原料加工豆腐和酱油的副产品。由于提走部分蛋白质，豆腐渣和酱油渣蛋白水平较原料低，其他成分提高。一般干渣含粗蛋白20%～30%，品质较好。

豆腐渣含蛋白酶抑制物质，喂多了易拉稀，也缺少维生素，喂前煮熟为好。酱油渣含较多的食盐，7% ~8%，不能大量喂猪，以免引起食盐中毒。

鲜豆腐渣含水80%以上，鲜酱油渣含水70%以上，易腐败变质，为此，可晒干贮藏，或者与酒糟窖贮，也可单独窖贮。

四、动物性蛋白质饲料

是鱼类、肉类和乳品加工的副产品以及其他动物产品的总称。猪常用的动物性蛋白质饲料有鱼粉、血粉、羽毛粉、肉粉、肉骨粉、蚕蛹、全乳和脱乳以及乳清粉等。其特点是蛋白质含量高，大都在55%以上，各种必需氨基酸含量高，品质好，几乎不含粗纤维，维生素含量丰富，钙、磷含量高，是一种优质蛋白质补充料。

（一）鱼粉

品质优良的鱼粉呈金黄色，脂肪含量不超过8%，干燥而不结块，水分不高于15%，食盐含量低于4%。鱼粉的脂肪含量高，容易氧化变质，呈黑色或者咖啡色。优质鱼粉蛋白质含量在60%以上，富含谷物类饲料缺乏的胱氨酸、蛋氨酸和赖氨酸。维生素A、维生素D和B族维生素多，特别是植物性饲料容易缺乏的维生素B_{12}含量高。矿物质量多质优，富含钙、磷、锰、铁、碘等，但钙、磷含量过多，则说明鱼骨多，品质差。由于鱼粉价格较高，一般只用于喂幼猪和种猪，用量在10%以下。

（二）肉骨粉

肉骨粉是由不适于食用的畜禽躯体、骨头、胚胎、内脏及其他废物制成，蛋白质含量在30%～55%，消化率在60%～80%。赖氨酸含量高，钙、磷、锰含量高，用量为猪日粮的10%左右。正常肉骨粉呈黄色，有香味；发黑而有臭味的肉骨粉不能饲用。

（三）血粉

血粉是屠宰场屠宰家畜时得到的血液经干燥制成。方法有常规干燥、快速干燥、喷雾干燥，其中以喷雾干燥获得的血粉消化利用率最高，常规干燥的血粉消化利用率最低。血粉含蛋白质80%以上，但蛋氨酸、异亮氨酸和甘氨酸含量低。在猪日粮中添加一般不超过5%，在仔猪日粮中加1%～3%具有良好效果。如果干燥前将血浆与血细胞分离，制成喷雾干燥血浆粉，蛋白质含量为68%左右，赖氨酸6.1%，在仔猪日粮中添加6%～8%，代替脱脂奶粉，能取得良好效果。

（四）羽毛粉

羽毛粉由家禽的羽毛制成，含蛋白质85%以上，含亮氨酸和胱氨酸较多，赖氨酸、色氨酸和蛋氨酸不足。含维生素 B_{12} 和未知生长因子。经水解处理的羽毛粉，蛋白质消化率可达80%～90%，未经处理的羽毛粉消化率很低，仅30%左右。

（五）单细胞蛋白质饲料

单细胞蛋白质饲料是指用饼（粕）或者玉米面筋等做原料，通过微生物发酵而获得的含大量菌体蛋白的饲料，包括酵母、真菌、藻类等。

目前酵母应用较广泛，一般含蛋白质40%～80%。除蛋氨酸和胱氨酸含量较低外，其他各种必需氨基酸的含量均较丰富，仅低于动物蛋白质饲料。酵母富含B族维生素，磷含量高，钙较少，一般喂量为日粮的2%～3%。

第三节 青饲料

青饲料种类繁多，包括天然草地牧草、栽培牧草、蔬菜类、作物茎叶、枝叶及水生植物等。这类饲料产量高，来源广，成本低，采集方便，适口性好，养分比较全面。

青饲料蛋白质含量较高，一般占干物质的10%～20%，豆科植物含量更高，蛋白质品质较好，赖氨酸含量较玉米高1倍以上。青饲料含有丰富的维生素，如胡萝卜素比玉米子实高50～80倍，核黄素高3倍，泛酸高近1倍，并富含尼克酸，维生素C、维生素E、维生素K等。青饲料含有丰富的矿物质，钙、磷含量高，比例合适，镁、钾、钠、氯、硫等含量也较高。青饲料中粗纤维所含木质素少，易于猪消化。因此，青饲料喂量适当，不但可以节省精料，而且可以完善日粮营养，使养猪生产获得比单喂精料更高的生产效果和经济效益。20世纪初，在维生素被发现以前，青绿饲料被认为是仔猪和雏鸡日粮绝对不可缺少的饲料组分。在近代，随着科学技术的进步，人们不但可以用其他来源的精制维生素为猪配制出完全能满足营养需要的日粮，而且方法简单，更省工，成本也较低。因此，青绿饲料在养猪业中已不是绝对不可少的了。青饲料确实有它的缺点，如水分含量高，一般在70%～95%。粗纤维含量高，占干物质的18%～30%，喂多了易引起腹泻。青饲料还受季节、气候、生长阶段的影响与限制，生产供应和营养价值很不稳定，为配制平衡饲粮增加了困难。同时，种、割、贮、喂费工费时，极不方便。所以，许多规模化猪场，使用添加多种维生素的全价日粮，不再喂给青绿饲料。不过，生产实践证明，在喂给全价配合料时，再加喂一些青饲料，会取得更好的效果，特别是对种猪，可提高繁殖性能。

据以上所述，青饲料喂与不喂，喂量多少，应根据具体情况而定。在青饲料不太充足的情况下，则优先保证种猪；如果来源不便，也可不喂。青饲料喂猪应以优质、幼嫩的为好，如苜蓿、苦荬菜、蔬菜类和一些水生饲料等。

第四节 青贮饲料

青贮饲料是指将新鲜青饲料填入密闭的青贮窖、塔、壕、袋等容器内，经微生物发酵保存的饲料。青贮饲料能有效地保存新鲜青饲料的营养成分，青贮后只降低10%左右，而晒干则降低30%～50%，特别是能保存蛋白质和维生素。青贮饲料耐贮存，可供全年喂用。

青贮窖、塔或者壕应建在地势高燥、易排水处，建筑要求坚固、不漏气、不漏水。其大小可根据需要而定。

青贮原料应有一定含糖量，一般不低于1%～1.5%。适合做青贮的原料主要有玉米等禾本科植物、青草、野菜、甘薯藤、甜菜、萝卜缨等。含糖量少而含粗蛋白质较多的豆科植物如苜蓿、苕子、草木樨、蚕豆苗、青刈大豆苗等不宜做青贮原料，如有必要，可与禾本科植物混贮，以防变质。

青贮原料含水量应为65%～75%，原料粗老时可达80%。

青贮时先切短，一般以3～5厘米为宜，再装填，压实，每装填20～30厘米厚，即应踩实，最好用拖拉机压紧，用蒿秆（厚20～30厘米）或者塑料薄膜覆盖，加土30～50厘米厚，并随时注意防止漏水漏气。

一般封埋 17～21 天即可开窖喂用。正常的青贮料为青绿或者黄绿色，有酸香并带酒味。低劣的青贮料呈黄褐色或者暗褐色，甚至黑色，有刺鼻酸味或者腐臭味。